Galileo 科學大圖鑑系列

VISUAL BOOK OF THE ELEMENTS

元素大圖鑑

人人出版

元素週期表

族

週期

| | 1 | 2 | 3 | 4 | 5 | | 6 | 7 | 8 |

1　H¹ 氫

2　Li³ 鋰　Be⁴ 鈹

3　Na¹¹ 鈉　Mg¹² 鎂

歸類於「金屬」的元素

歸類於「非金屬」的元素

‑‑‑‑‑ 單質為氣態的元素（25℃，1大氣壓）

～～ 單質為液態的元素（25℃，1大氣壓）

—— 單質為固態的元素（25℃，1大氣壓）

＊原子序109以後的元素，化學性質不明。

＊本表的金屬與非金屬分類，參考了國高中教科書內容。此外，本書第92頁會介紹另一種探討本質的分類方式，是以電子能量分布（能帶結構）為依據。

4　K¹⁹ 鉀　Ca²⁰ 鈣　Sc²¹ 鈧　Ti²² 鈦　V²³ 釩　　Cr²⁴ 鉻　Mn²⁵ 錳　F 鐵

5　Rb³⁷ 銣　Sr³⁸ 鍶　Y³⁹ 釔　Zr⁴⁰ 鋯　Nb⁴¹ 鈮　　Mo⁴² 鉬　Tc⁴³ 鎝　R 釕

6　Cs⁵⁵ 銫　Ba⁵⁶ 鋇　57～71 鑭系元素　Hf⁷² 鉿　Ta⁷³ 鉭　　W⁷⁴ 鎢　Re⁷⁵ 錸　C 鋨

7　Fr⁸⁷ 鍅　Ra⁸⁸ 鐳　89～103 錒系元素　Rf¹⁰⁴ 鑪　Db¹⁰⁵ 𨧀　　Sg¹⁰⁶ 𨭎　Bh¹⁰⁷ 𨨏　H 𨭆

鑭系元素　La⁵⁷ 鑭　Ce⁵⁸ 鈰　　Pr⁵⁹ 鐠　Nd⁶⁰ 釹　Pr 鉕

錒系元素　Ac⁸⁹ 錒　Th⁹⁰ 釷　　Pa⁹¹ 鏷　U⁹² 鈾　N 錼

9	10	11	12	13	14	15	16	17	18
									He 2 氦
				B 5 硼	C 6 碳	N 7 氮	O 8 氧	F 9 氟	Ne 10 氖
				Al 13 鋁	Si 14 矽	P 15 磷	S 16 硫	Cl 17 氯	Ar 18 氬
Co	Ni 28 鎳	Cu 29 銅	Zn 30 鋅	Ga 31 鎵	Ge 32 鍺	As 33 砷	Se 34 硒	Br 35 溴	Kr 36 氪
h	Pd 46 鈀	Ag 47 銀	Cd 48 鎘	In 49 銦	Sn 50 錫	Sb 51 銻	Te 52 碲	I 53 碘	Xe 54 氙
r	Pt 78 鉑	Au 79 金	Hg 80 汞	Tl 81 鉈	Pb 82 鉛	Bi 83 鉍	Po 84 釙	At 85 砈	Rn 86 氡
Mt	Ds 110 鐽	Rg 111 錀	Cn 112 鎶	Nh 113 鉨	Fl 114 鈇	Mc 115 鏌	Lv 116 鉝	Ts 117 鿬	Og 118 鿫
m	Eu 63 銪	Gd 64 釓	Tb 65 鋱	Dy 66 鏑	Ho 67 鈥	Er 68 鉺	Tm 69 銩	Yb 70 鐿	Lu 71 鎦
u	Am 95 鋂	Cm 96 鋦	Bk 97 鉳	Cf 98 鉲	Es 99 鑀	Fm 100 鐨	Md 101 鍆	No 102 鍩	Lr 103 鐒

1869年，門得列夫製作的週期表中，
只列出63種元素而已。
在那之後陸續發現新元素，至今已有118種元素。

綜觀整個週期表，會發現元素的「個性」各不相同。
同一行（族）的元素，常有類似的性質。
「孤僻的族」難以和其他元素反應，
「熱情的族」則會和許多元素結合，形成多彩多姿的化合物。
元素就像人一樣，各自擁有獨特的性質。

每種元素都有自己的名稱，名稱由來也各異其趣。
譬如「氧」是oxygen，源自「產生（gen）酸（oxys）的物質」，
但這是拉瓦節的誤解。

另外，有些元素名稱源自地名、人名、天體名稱，

每個元素名稱都有一段故事，也都與發現者的背景有關。

元素有著不同的特徵，以不同的形式活躍於世上。

有些是電子裝置的重要元素，維繫著我們的日常生活，

有些是醫療現場的器材或藥品的重要成分。

因為元素間存在著錯綜複雜的關係，

才能孕育出色彩斑斕的寶石及療癒身心的溫泉。

本書會介紹大多數人在學校的課程沒有學過，

與元素、週期表有關的深奧世界。

許多元素平常不會吸引我們的注意，卻默默地發揮它們的功能。

如果您能透過本書進一步了解，那就太棒了。

VISUAL BOOK OF THE ELEMENTS 元素大圖鑑

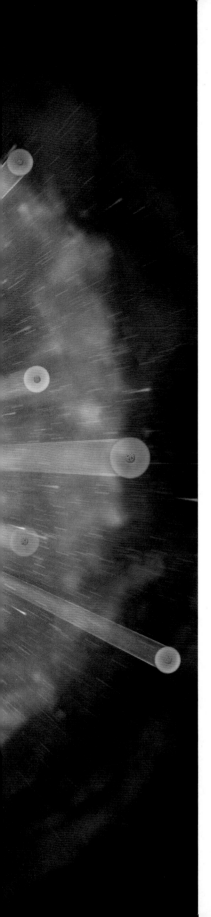

1

什麼是元素

What is an element?

鍊金術師
發現了「磷」

16 69年，德國鍊金術師布蘭德（Hennig Brand，1630～1692）曾把大量人類尿液拿去煮。鍊金術師會將鐵（Fe）、鉛（Pb）等便宜金屬加熱，或者與其他物質混合，試圖使其轉變成金（Au）等貴重金屬。布蘭德也是為了類似的研究，而去分析尿液成分。

他把尿液加熱許久，取得黑色沉澱物。再以超高溫加熱這些沉澱物，使其轉變成白色物質，而且會閃閃發光。之後才知道這個光芒來自尿液中的磷（P）。事實上，這正是人類發現新「元素」的第一個明確記錄。

布蘭德於17世紀發現磷，當時「元素」的概念尚未確立。人類自古以來就知道金、硫（S）等自然存在的元素並加以應用在各種領域，卻沒有將其當成元素看待。

用便宜的金屬製造黃金

自古埃及時代起，精煉金屬與製造合金的技術便已存在。隨著相關技術的發展，人們開始嘗試將鉛等便宜金屬轉變成貴重的黃金，這就是所謂的「鍊金術」（alchemy）。曾有一段時間，歐洲的王公貴族競相聘請鍊金術師，希望能透過鍊金術獲得財富。另外，也有人相信鍊金術可以拯救靈魂、治療疾病，甚至是用來製造長生不老藥，形成一種宗教行為。

專欄
COLUMN

奠定化學基礎的鍊金術

錬金術（或類似的行為）曾在世界各地風行。其實，錬金術並非一無是處。錬金術衍生出了許多發明，譬如製造瓷器與蒸餾的技術、化學藥品開發等，為現代化學知識奠定了基礎也是不爭的事實。順帶一提，發現萬有引力的牛頓（Isaac Newton，1643～1727）也是熱衷於錬金術的其中一人。

宇宙萬物
皆由原子構成

自然界中所有事物都由「原子」構成。包括地球、空氣乃至於我們的身體，都是由原子構成的團塊。之所以難以感受到這點，是因為原子實在太過微小。原子平均大小只有10^{-10}公尺（1000萬分之1毫米）左右。如果寫出所有的零，就是0.0000001毫

原子與元素

原子與元素的概念很容易混淆。原子是指「有形的粒子」，元素則是「表示原子種類的名稱」。舉例來說，食鹽水去除食鹽後可得到水。水通電後可分解成氫與氧，而氫與氧無法再分解成其他物質。這種由單一種類原子構成的物質稱為「元素」。

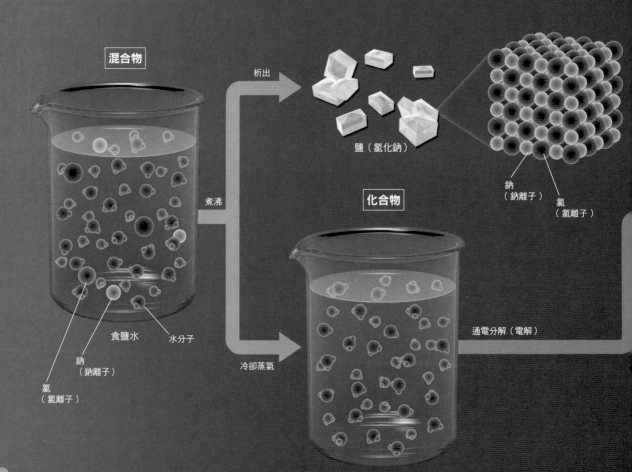

混合物

析出

鹽（氯化鈉）

鈉（鈉離子）

氯（氯離子）

化合物

煮沸

通電分解（電解）

食鹽水　水分子

鈉（鈉離子）

氯（氯離子）

冷卻蒸氣

水

米。就比例上來說，1個原子與高爾夫球的大小關係，相當於高爾夫球與地球之間的大小關係。

原子中心有個帶正電的「原子核」（atomic nucleus），原子核周圍有許多帶負電的「電子」（electron）飛來飛去。人類直到20世紀初才了解這種原子結構。

原子核由2種粒子所構成，分別是帶正電的「質子」（proton）以及不帶電的「中子」（neutron）。舉例來說，氫原子的原子核只有1個質子，氧原子的原子核則有8個質子。

目前週期表的元素是依照原子序的順序排列。原子序是原子核內的質子數。也就是說，質子數正是決定原子種類（元素）的要素。

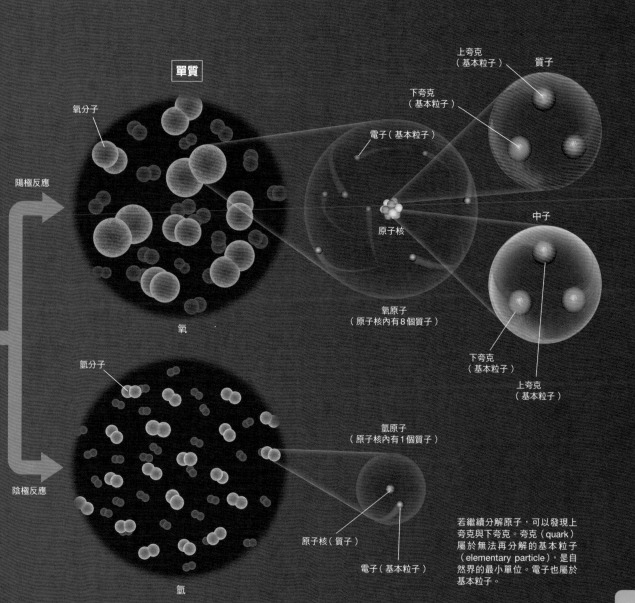

單質

氧分子

陽極反應

氧

陰極反應

氫分子

氫

上夸克（基本粒子）　質子

下夸克（基本粒子）

電子（基本粒子）

原子核

中子

氧原子（原子核內有8個質子）

下夸克（基本粒子）

上夸克（基本粒子）

氫原子（原子核內有1個質子）

原子核（質子）

電子（基本粒子）

若繼續分解原子，可以發現上夸克與下夸克。夸克（quark）屬於無法再分解的基本粒子（elementary particle），是自然界的最小單位。電子也屬於基本粒子。

你我身邊存在各式各樣的元素

我們周圍的物體有很多都是由元素組合而成。譬如鉛筆筆芯與鑽石皆為碳（C）的晶體，窗戶玻璃是由主成分為矽（Si）的二氧化矽（SiO_2）所構成。平常拿在手上的智慧型手機，也會用到鋰（Li）、鈷（Co）、鎵（Ga）、釹（Nd）、銦（In）、銪（Eu）等好幾種金屬元素。基本上，我們自身就是元素的複合體。

門得列夫（Dmitri Mendeleev，1834～1907）於1869年發表週期表時，只發現63種元素。自然界中以單質形式存在的金（Au）、銅（Cu），以及用高溫熔化礦石提煉而得的鐵（Fe）等，皆是自古以來為人熟知的元素。隨著科學技術的發展，甚至能夠人工製造出更重的元素。人類至今發現的元素已達118種。

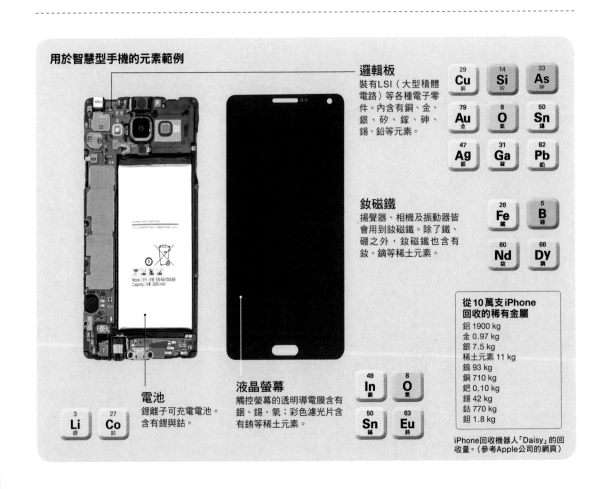

用於智慧型手機的元素範例

邏輯板
裝有LSI（大型積體電路）等各種電子零件。內含有銅、金、銀、矽、鎵、砷、錫、鉛等元素。

29 Cu 銅	14 Si 矽	33 As 砷
79 Au 金	8 O 氧	50 Sn 錫
47 Ag 銀	31 Ga 鎵	82 Pb 鉛

釹磁鐵
揚聲器、相機及振動器皆會用到釹磁鐵。除了鐵、硼之外，釹磁鐵也含有釹、鏑等稀土元素。

| 26 Fe 鐵 | 5 B 硼 |
| 60 Nd 釹 | 66 Dy 鏑 |

電池
鋰離子可充電電池。含有鋰與鈷。

| 3 Li 鋰 | 27 Co 鈷 |

液晶螢幕
觸控螢幕的透明導電膜含有銦、錫、氧；彩色濾光片含有銪等稀土元素。

| 49 In 銦 | 8 O 氧 |
| 50 Sn 錫 | 63 Eu 銪 |

從10萬支iPhone回收的稀有金屬
鋁 1900 kg
金 0.97 kg
銀 7.5 kg
稀土元素 11 kg
鎢 93 kg
銅 710 kg
鈀 0.10 kg
錫 42 kg
鈷 770 kg
鉭 1.8 kg

iPhone回收機器人「Daisy」的回收量。（參考Apple公司的網頁）

活躍於各種領域的「碳」

我們平常看到、接觸到的事物，通常含有多種元素。其中，碳元素可以和各種物質結合，所以從工業到醫療領域，以至於日常生活中處處可見相關應用。截至2020年為止，包含人造物在內，碳的化合物（有機化合物）多達 2 億2000萬種以上（下圖為人造有機化合物的範例）。

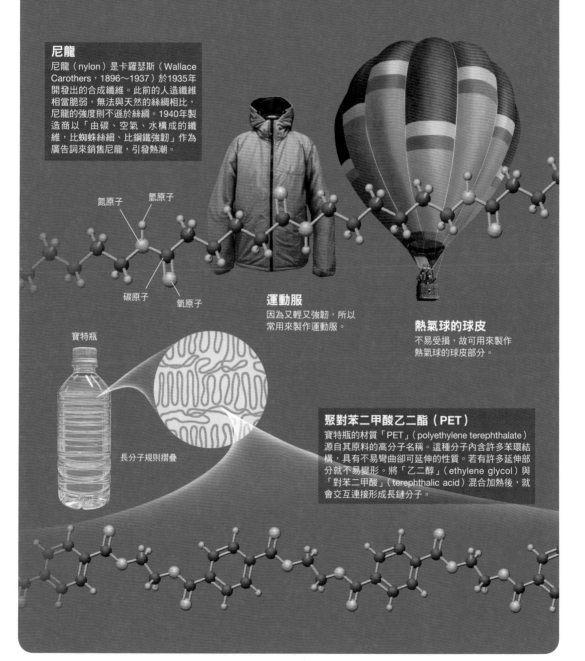

尼龍

尼龍（nylon）是卡羅瑟斯（Wallace Carothers，1896～1937）於1935年開發出的合成纖維。此前的人造纖維相當脆弱，無法與天然的絲綢相比，尼龍的強度則不遜於絲綢。1940年製造商以「由碳、空氣、水構成的纖維，比蜘蛛絲細、比鋼鐵強韌」作為廣告詞來銷售尼龍，引發熱潮。

氮原子

氫原子

碳原子

氧原子

運動服

因為又輕又強韌，所以常用來製作運動服。

熱氣球的球皮

不易受損，故可用來製作熱氣球的球皮部分。

寶特瓶

長分子規則摺疊

聚對苯二甲酸乙二酯（PET）

寶特瓶的材質「PET」（polyethylene terephthalate）源自其原料的高分子名稱。這種分子內含許多苯環結構，具有不易彎曲卻可延伸的性質。若有許多延伸部分就不易變形。將「乙二醇」（ethylene glycol）與「對苯二甲酸」（terephthalic acid）混合加熱後，就會交互連接形成長鏈分子。

人類的身體是由哪些元素所構成

人 體內最多的元素（依重量比例）為氧（O）。舉例來說，體重60公斤的人就有將近40公斤重的氧原子。

水（H_2O）占人體的60～70％左右，而氧是水的主要成分，也是建構身體之蛋白質與核酸（DNA等）的

構成人體的元素

下方圓餅圖為構成人體之元素的比例，右表為將微量元素一同列出的詳細資料。人體內的元素中有24種為必需元素，一旦有所欠缺就會對身體有害。

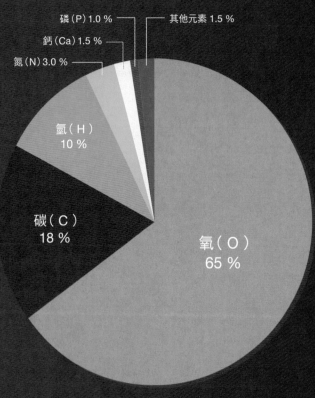

碳（P）1.0 %

鈣（Ca）1.5 %

氮（N）3.0 %

其他元素 1.5 %

氫（H）
10 %

碳（C）
18 %

氧（O）
65 %

構成人體的元素
（依重量比例）

分類	元素名稱	比例	體重60kg者的體內含量
主要元素	氧	65 %	39 kg
	碳	18 %	11 kg
	氫	10 %	6.0 kg
	氮	3 %	1.8 kg
	鈣	1.5 %	900 g
	磷	1 %	600 g
少量元素	硫	0.25 %	150 g
	鉀	0.2 %	120 g
	鈉	0.15 %	90 g
	氯	0.15 %	90 g
	鎂	0.05 %	30 g
微量元素	鐵	—	5.1 g
	氟	—	2.6 g
	矽	—	1.7 g
	鋅	—	1.7 g
	鎴	—	0.27 g
	銣	—	0.27 g
	溴	—	0.17 g
	鉛	—	0.10 g
	錳	—	86 mg
	銅	—	68 mg
超微量元素	鋁	—	51 mg
	鎘	—	43 mg
	錫	—	17 mg
	鋇	—	15 mg
	汞	—	11 mg
	硒	—	10 mg
	碘	—	9.4 mg
	鉬	—	8.6 mg
	鎳	—	8.6 mg
	硼	—	8.6 mg
	鉻	—	1.7 mg
	砷	—	1.7 mg
	鈷	—	1.3 mg
	釩	—	0.17 mg

* 1 mg ＝ 0.001 g。黃色文字為人體的必需元素。

成分。體內含量繼氧之後的元素依序為碳（C）、氫（H）、氮（N）、鈣（Ca）、磷（P），這6種元素共占體重的98.5%。

人體內也含有金屬，有些是維持人體正常功能不可缺少的金屬元素。譬如鐵（Fe）就是紅血球內用來與氧結合的蛋白質（血紅素）原料之一。當鐵不足時，血液運送氧的能力就會下降，造成貧血。

不過，人類直到1745年才明白某些金屬元素是人體的必需元素。義大利醫師孟基尼（Vincenzo Menghini，1704～1759）把血液拿去燃燒，發現磁鐵可以吸引燃燒後留下的殘渣，因而注意到人體內含有鐵。不過，人體內的金屬幾乎都是以離子的形式存在。

身體如何利用這些元素

前6種元素是蛋白質、核酸（DNA）、骨骼等的主要材料，用於建構身體。鈉、鉀等金屬元素可溶於體液中，具有調節酸鹼度、在細胞間傳遞訊息等功能。

鈣（Ca）
體內的鈣有90%會與磷結合成磷酸鈣，是骨骼的主要材料。

鈉（Na）
主要以鈉離子（Na^+）的形式存在於體液中，可調節酸鹼度與離子濃度等。

氧　氫

水（H_2O）
占體重的60～70%左右。細胞間的體液及血液含有大量水分，可溶解氧等氣體、醣類等養分以及多種離子。

鉀（K）
主要以鉀離子（K^+）的形式存在於細胞內，具有促進細胞代謝等功能。

鎂（Mg）
約60%存在於骨骼內，40%存在於肌肉等處。

碳

氯（Cl）
主要以氯離子（Cl^-）的形式存在於細胞及體液中，具有調節離子濃度等功能。

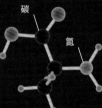

氮

丙胺酸（$C_3H_7NO_2$）
左圖為丙胺酸分子，是一種胺基酸。蛋白質是由以丙胺酸為首的20種胺基酸所構成。其中，半胱胺酸這種胺基酸含有硫。

DNA
存在於所有細胞的細胞核內，為遺傳物質。DNA由碳、氮、氧、氫、磷這5種原子構成。由於氫原子數量太多，為方便觀看，下圖將其省略。

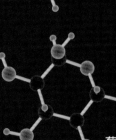

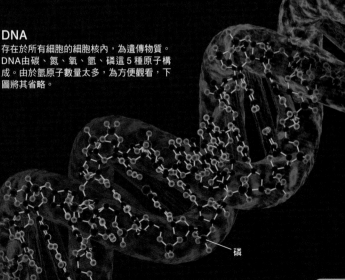

葡萄糖（$C_6H_{12}O_6$）
葡萄糖屬於醣類，結構如圖。可溶於血液中成為血糖，是細胞主要的能量來源。

磷

可溶解自然界中
大部分元素的「海」

地球的海洋會溶解以離子形式自然存在的多數元素。所謂離子（ion），是帶正電或負電的原子（或多個原子的集合體）。原子失去電子時會成為帶正電的「陽離子」（cation），獲得電子時則會成為帶負電的「陰離子」（anion）。

一般認為，是原始地球時期降下的強酸性雨水溶解地表的岩石，使海水充滿了各種離子。如今地球的降雨也會慢慢溶解岩石與土壤，將這些離子運送到海洋。也就是說，又鹹又苦的海水味正是「地球的味道」。

人體的血液及組織液也含有大量的鈉離子與氯離子。事實上，海水中的離子與人類血液及組織液內的離子在種類、比例上十分相似，或許這和細胞在海洋中誕生有關。就像地球上第一個細胞的周圍都是海水一樣，人類細胞周圍的組織液及血液在種類、比例上也與海水類似。

專欄 COLUMN 離子與食鹽

食鹽是溶於海水中的各種離子所析出的固體。海水中的鈉離子（Na^+）與氯離子（Cl^-）因為海水的蒸發而彼此結合，就會形成食鹽的主要成分 —— 氯化鈉（$NaCl$）。為什麼鈉離子會與氯離子結合呢？海水一旦蒸發，海水中的離子濃度就會變高，使帶正電的鈉離子與帶負電的氯離子互相吸引而靠近。就像靜電使墊板與頭髮互相吸引一樣，彼此靠近的鈉離子與氯離子也會因為同樣的力量而一對對結合在一起，形成氯化鈉。這種帶正電的離子與帶負電的離子藉由電力產生的鍵結，就稱為「離子鍵」（ionic bond）。

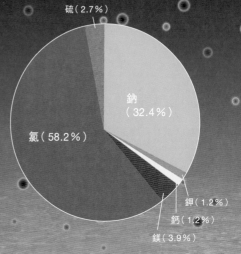

硫（2.7%）
鈉（32.4%）
氯（58.2%）
鉀（1.2%）
鈣（1.2%）
鎂（3.9%）

溶於海水中的元素
海水成分會隨著地點與水深而改變。原因在於光照量、棲息生物量、流入淡水量等條件有所差異。上圖為溶於海水中的元素平均值，主要為鈉與氯。

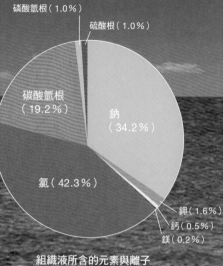

組織液所含的元素與離子

磷酸氫根（1.0％）
硫酸根（1.0％）
碳酸氫根（19.2％）
鈉（34.2％）
氯（42.3％）
鉀（1.6％）
鈣（0.5％）
鎂（0.2％）

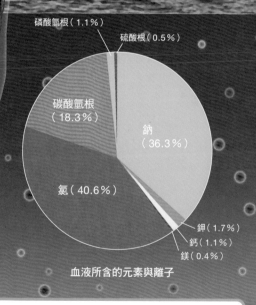

血液所含的元素與離子

磷酸氫根（1.1％）
硫酸根（0.5％）
碳酸氫根（18.3％）
鈉（36.3％）
氯（40.6％）
鉀（1.7％）
鈣（1.1％）
鎂（0.4％）

海水、血液、組織液的元素種類十分相似

人體內的水分約有３成是血液與組織液。組織液是微血管滲出的液體，會填滿細胞與細胞間的空隙。循環人體的血液及組織液與海水一樣，都有鈉與氯等物質溶於其中。另一方面，人體約有6～7成的水分在細胞內。細胞內部水分的主要溶質是鉀、磷酸氫根，與海水的成分完全不同。

因元素而形成的絕景
「死海」、「納特龍湖」

「死海」（Dead Sea）是介於約旦與以色列這兩個國家之間的鹹水湖。死海有約旦河流入，但因其位處乾燥地區，所以蒸發的水量幾乎等於流入水量。流入的淡水與湖底湧出的溫泉水因為蒸發而濃縮，導致死海鹽度高達海水的6～8倍（20～30％）。幾乎沒有生物能夠在此生存，因而有「死海」之名。

在坦尚尼亞北部，靠近肯亞邊境的「納特龍湖」（Lake Natron）是個含有8％氯化鈉的強鹼性鹹水湖。「納特龍」（泡鹼）一詞是鈉（Na）的拉丁文「natrium」語源，指的是碳酸鈉（蘇打）。古埃及製作木乃伊時，會用泡鹼作為乾燥劑。

納特龍湖以紅鶴的棲息地著名。紅鶴以棲息在強鹼性鹹水湖的特殊藍藻（螺旋藻）為主食。螺旋藻含有紅色色素「角黃素」（canthaxanthin），可使紅鶴的羽毛呈現粉紅色。

死海

死海周圍有鈉、鉀（K）、鈣（Ca）、溴（Br）等的精製工廠，是當地的一大產業。另外，其高鹽度可使人體浮在湖面上，這也讓死海成為著名的觀光景點。

在近50年內，死海的水面降低了將近30公尺，面積也縮小到100年前的3分之1左右。於是周邊國家計畫開闢一條全長180公里的水道引進紅海的水，以防死海繼續縮小。

納特龍湖

水面是鮮艷的紅色，也稱為「炎之湖」。近年來，坦尚尼亞政府計畫在湖邊建設生產碳酸鈉的工廠，但這可能會影響到紅鶴的生態及周圍以傳統方式生活的部落，令人擔憂。

因元素而形成的絕景 「伊真火山」

「伊真火山」（Ijen）位於印尼爪哇島最東端，每到夜晚就會出現美麗的「藍色火焰」。火焰的藍色源自硫（S）的焰色反應。地下的岩漿將硫加熱到600℃後噴出，氣態的硫接觸到空氣的瞬間會開始自燃，進而產生藍色火焰。硫的熔點相對較低，只有115℃，所以火山噴氣孔周圍出現熔化的硫本來就是常見的現象。不過，全世界只有2個可以時常看到藍色火焰的地方，一個在冰島，一個就在伊真火山。

　伊真火山是世界著名的採硫場。硫蒸氣冷卻後會堆積成硫晶體。工人將硫晶體敲碎後，裝到竹簍內以人力搬運（來回2小時的山路，每天要走2～3次）。火山口附近充滿了有毒氣體，是隨時都有可能致命的嚴苛環境，然而這份工作對當地人來說卻是重要的收入來源。

藍色火焰

硫蒸氣凝結成液態後，會一邊燃燒一邊沿著山體表面流動，因此也有人形容為「藍色的熔岩流」。該地是相當著名的觀光景點，但硫蒸氣對人體有害，所以參觀時必須戴上護目鏡與防毒面罩。

搬運硫的工人。山頂有個藍綠色的火口湖。此湖有火山釋放出來的氯化氫氣體溶於水中，故呈pH值 1 以下的強酸性。

地球孕育出水與元素的藝術

　　日本全國各地有許許多多的溫泉。當雨水或融化的雪水滲入多孔質岩層並抵達地下深處，經由700～1300℃的高溫岩漿加熱後湧出地表，就會形成溫泉。溫泉水在地下循環流動時，會溶解岩石中的礦物質和放射性物質等。

　　溫泉大致上可以分成火山性溫泉和非火山性溫泉。以前的日本是以火山帶附近湧出的火山性溫泉為主，不過近年來往平原地下深處挖掘使其湧出的非火山性溫泉反而變多了，在比例上甚至超過了火山性溫泉。

　　溫泉有各式各樣的顏色。大部分的溫泉在剛湧出時為無色透明，不過在接觸空氣後，溫泉中的硫（S）、矽（Si）的化合物以及鐵質（Fe）等經過氧化，就會散射陽光而呈現乳白色、藍色、紅褐色。

藍
溫泉湧出時為無色透明。2～3天後，溫泉內的偏矽酸（metasiliciic acid）會聚集成較大的粒子，只散射出藍色的光，使溫泉呈現藍色。再經過一段時間，矽酸粒子會變得更大，可散射出所有波長的光，使溫泉呈現白色。（例：大分縣別府溫泉鄉的海地獄等）

何謂溫泉

依照日本於1948年訂定的溫泉法,溫泉的定義為「從地下湧出的溫水、礦水及水蒸氣等氣體(主成分為碳氫化合物的天然氣除外),且需符合附表列出的溫度與成分條件[1]」。

※1:湧出溫度超過25℃,且需含有一定量的特定成分(鋰離子、溴離子等)。

綠

透明度相當高的澄淨綠～黃綠色,或是不透明的綠褐色等。酸性鐵泉為透明度高的淡綠色。中性～鹼性的硫泉若含有硫化氫,有時會呈現黃綠色。(例:岩手縣國見溫泉、新潟縣月岡溫泉、宮城縣鳴子溫泉鄉的川渡溫泉等)

白(乳白色)

湧出時為無色透明。溫泉中的硫化氫接觸到空氣就會氧化,形成微粒狀不易溶於水的「膠體硫」(colloidal sulfur)。這些微粒會散射陽光,使溫泉呈現白色。(例:青森縣酸之湯溫泉、秋田縣乳頭溫泉鄉、群馬縣萬座溫泉、長野縣白骨溫泉等)

黑

水中含有腐植酸、黃腐酸等腐植質(遠古時期的蕨類植物、海藻在地下分解後形成的有機化合物),這些成分會吸收可見光,使溫泉呈現黑色。通常這類溫泉在湧出時就帶有顏色。(例:北海道十勝川溫泉、東京23區內、神奈川縣平原地區、甲府盆地等)

紅

從鮮艷的紅色到紅褐色、橘色都有。湧出時接近無色透明,隨著時間的經過,水中的鐵質會接觸到空氣而氧化,轉變成氫氧化亞鐵($Fe(OH)_2$)並產生紅褐色沉澱物,因而變色[2]。(例:兵庫縣有馬溫泉、大分縣別府溫泉鄉的血之池地獄等)

其他　(黃褐色及綠褐色與鐵、硫等有關)

例:黃褐色……北海道新雪谷「昆布溫泉」的一部分、青森縣「黃金崎不老不死溫泉」等
　　綠褐色……枥木縣鹽原溫泉鄉的元湯、岐阜縣濁河溫泉等

※2:多為含有鹽分、碳酸的微弱酸性溫泉～中性溫泉,但也有不少是鹼性溫泉。再者,酸性越強則越不容易形成鐵的沉澱。

地球孕育出的元素藝術「寶石」

鑽石、紅寶石、藍寶石等美麗寶石，自古以來便擄獲了人們的心。說到底，寶石究竟是什麼呢？正確來說，幾乎所有寶石都是在火山活動等地球活動（地質作用）下形成的固體。換言之，寶石是一種礦物。

一般而言，寶石的條件是「有美麗的顏色與光芒」，且「耐久性高，可常保美麗」。能滿足這兩個條件的石頭相當罕見，也擁有很高的價值。而作為條件之一的耐久性，可以用表示礦物硬度的「莫氏硬度」（Mohs scale of mineral hardness）來描述。譬如鑽石是最硬的寶石，莫氏硬度為10。鑽石之所以堅硬，源自其碳原子之間以共價鍵結合，共價鍵是相當強的連結。

不過，很硬不代表不容易破裂。鑽石與其他礦物摩擦時並不會出現傷痕，可是一旦使用鐵鎚朝特定方向敲擊就會裂開，這種破裂方式稱為解理（cleavage）。硬度與容易破裂的程度是不同的性質。

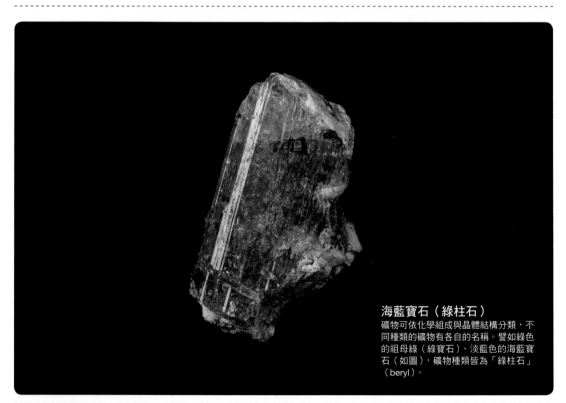

海藍寶石（綠柱石）
礦物可依化學組成與晶體結構分類，不同種類的礦物有各自的名稱。譬如綠色的祖母綠（綠寶石）、淡藍色的海藍寶石（如圖），礦物種類皆為「綠柱石」（beryl）。

即使是相同種類的礦物，所含的微量金屬也不盡相同（名稱也會有所差異）。另外，我們會用化合物的名稱與化學式來表示礦物的化學組成，也就是礦物內含有哪些元素、比例為何。舉例來說，水晶類的礦物名稱為石英，是矽（Si）與氧（O）以1：2的比例構成的礦物，化合物名稱為「二氧化矽」，化學式為SiO_2。

寶石的條件

下圖所示為寶石的生成位置。一般而言，需滿足「有美麗的顏色與光芒」、「耐久性高，可常保美麗」的條件，才能稱為寶石。符合這兩個條件且由地質作用形成的寶石，包含鑽石在內共有約100種。此外，像是珍珠、珊瑚等生物作用形成的寶石則有10種左右。

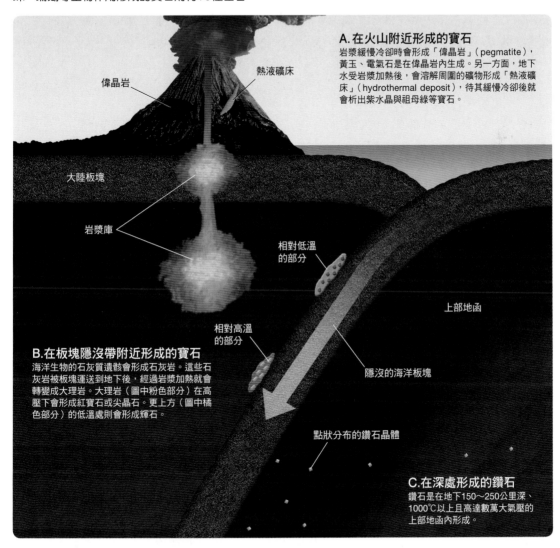

A. 在火山附近形成的寶石
岩漿緩慢冷卻時會形成「偉晶岩」（pegmatite），黃玉、電氣石是在偉晶岩內生成。另一方面，地下水受岩漿加熱後，會溶解周圍的礦物形成「熱液礦床」（hydrothermal deposit），待其緩慢冷卻後就會析出紫水晶與祖母綠等寶石。

熱液礦床

偉晶岩

大陸板塊

岩漿庫

相對低溫的部分

上部地函

相對高溫的部分

B. 在板塊隱沒帶附近形成的寶石
海洋生物的石灰質遺骸會形成石灰岩。這些石灰岩被板塊運送到地下後，經過岩漿加熱就會轉變成大理岩。大理岩（圖中粉色部分）在高壓下會形成紅寶石或尖晶石。更上方（圖中橘色部分）的低溫處則會形成輝石。

隱沒的海洋板塊

點狀分布的鑽石晶體

C. 在深處形成的鑽石
鑽石是在地下150～250公里深、1000℃以上且高達數萬大氣壓的上部地函內形成。

黃玉
（莫氏硬度8）

紅寶石
（莫氏硬度9）

莫氏硬度
19世紀初，德國礦物學家莫斯（Friedrich Mohs，1773～1839）以礦物的相對硬度為標準，從軟到硬選擇了10種礦物作為「指標礦物」。將指標礦物與待測礦物互相刻劃，便可藉由劃痕的有無來判斷硬度的「莫氏硬度」，至今仍是廣泛使用的硬度標準。

莫氏硬度從1～10，數值越大代表越硬。舉例來說，拿金綠寶石與硬度8的黃玉互相刻劃時，黃玉會受損；與硬度9的紅寶石互相刻劃時，金綠寶石會受損。由此可知金綠寶石的莫氏硬度介於8到9之間，以「$8\frac{1}{2}$」表示。

宇宙中的原子有90%以上是氫原子

據說若以個數來計算，則宇宙中的原子有92.1％是氫原子。換言之，氫原子在宇宙是壓倒性多數。在宇宙的星際空間（星體與星體間的空間），氫原子常以單一原子的形式存在。星際空間的原子密度相當低，這表示原子與其他原子相遇的機率很低，故氫原子會單獨存在。

相對於此，地球上幾乎沒有單獨存在的氫原子，因為氫原子很容易與其他原子結合。在地球表面附近，氫原子會與氧原子（O）結合成水（H_2O），與碳原子（C）結合成有機化合物（以碳為骨架的物質）。大氣中也存在微量的氫氣，由2個氫原子組合而成（H_2）。這種由多個原子組合成的粒子，就稱之為「分子」。

一般認為，太陽系是在主要由氫分子與塵埃構成的「分子雲」（molecular cloud）中誕生。也就是說，太陽系一開始就幾乎沒有單獨存在的氫原子。原始的木星、土星、天王星、海王星中，分子雲的氫分子成了大氣中的主要成分；而原始的地球、火星、金星中，原本存在於岩石中的揮發性元素則成了大氣。

＊本圖像是將3種不同波長的光，分別以綠、藍、紅著色合成而得。綠色是氫與氮在波長657奈米的譜線，藍色是氧在波長502奈米的譜線，紅色是硫在波長673奈米的譜線。

以氫原子發光的「鷹星雲」

圖為NASA（美國航太總署）的哈伯望遠鏡所拍攝的「鷹星雲」（Eagle Nebula）的一部分。鷹星雲是距離地球約6500光年的「發射星雲」（emission nebula），附近有個年輕的大質量恆星（位於圖像上方外側，故不在圖中）。當原子受大質量恆星釋放的紫外線照射，就會發射譜線（色光）而發光。

圖中黑色部分是發射譜線的原子近前方的「暗星雲」（dark nebula）。暗星雲主要由氫分子與塵埃的分子雲構成，會遮蓋原子發射的譜線，故呈現黑色。這些分子雲內可能有行星系統正在形成，就像我們的太陽系一樣。因此，這個暗星雲又稱為鷹星雲的「創生之柱」。

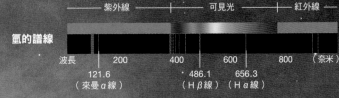

氫的譜線

紫外線　可見光　紅外線

波長　200　400　600　800　（奈米）

121.6　　　486.1　656.3
（來曼α線）　（Hβ線）（Hα線）

氫的譜線不只一條，而是有很多條。其中最有名的是波長121.6奈米的「來曼α線」、波長486.1奈米的「Hβ線」以及波長656.3奈米的「Hα線」。

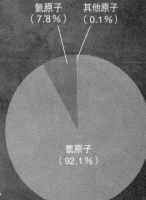

氦原子
（7.8％）

其他原子
（0.1％）

氫原子
（92.1％）

宇宙中原子的比例

一般認為，宇宙幾乎由暗能量與暗物質構成，元素只占了宇宙物質中的約5％。在這5％中，約有92.1％是氫原子，約7.8％是氦原子，其他原子只占了約0.1％。

「元素豐度」表示特定元素在宇宙中的比例

宙中各種元素的比例如下圖所示。此圖名為「宇宙元素豐度」（cosmic abundance of elements），是將存在於地球的元素、掉落至地球的隕石所含的元素、存在於太陽及其他恆星的元素種類與豐度（相對個數）加以統整而得。

太陽及恆星的元素豐度主要是在19世紀以後，透過德國物理學家克希何夫（Gustav Kirchhoff，1824～1887）與化學家本生（Robert Bunsen，1811～1899）確立的方法（光譜法）測得。

從這張圖主要可以得知兩件事。一是氫與氦的數目遠多於其他元素（占整體的99.9%），且原子量越大的元素其豐度有越低的趨勢。二是元素豐度呈鋸齒狀分布。質子數為偶數的原子，其豐度比原子序相鄰、質子數為奇數的原子還要高。因為質子兩兩成對存在時比較穩定，反觀核子（nucleon，質子與中子）的數目為奇數時容易產生變化。也就是說，質子的性質會影響到宇宙中的元素豐度。這項定律是以發現者的名字命名，稱為「奧多-哈金斯定則」（Oddo-Harkins' rule）。

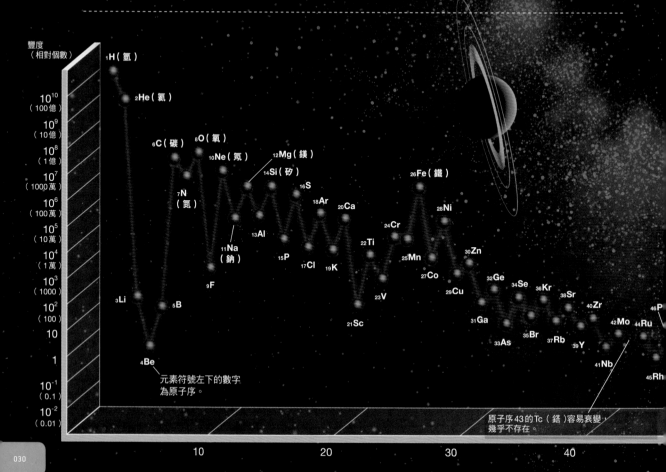

元素符號左下的數字為原子序。

原子序43的Tc（鎝）容易衰變，幾乎不存在。

相較於質子數為偶數的原子核，質子數為奇數的原子核更容易產生變化

質子數為偶數時（右圖上方），原子核較穩定而不會產生變化。另一方面，如果質子無法兩兩配對（右圖下方），質子就會釋放出正電子（positron）與微中子（neutrino），並轉換成中子，使原子核的狀態變穩定。如此一來，就會轉變成質子數為偶數、原子序為偶數的另一種元素。

質子

2個質子比1個或3個質子的情況還要穩定。

質子數為偶數時（¹³C）⋯⋯無變化

中子

質子數為奇數時（¹³N）⋯⋯易產生變化（變成¹³C）

正電子　微中子

宇宙的元素豐度

下圖橫軸為原子序，縱軸為豐度。豐度是假定矽的原子數為 10^6（100萬）個時，各種元素的相對個數為何。其中要注意的是縱軸每多 1 格數量就差10倍，所以看似微小的差距其實代表很大的差異。

為什麼宇宙中有那麼多氫和氦

太陽系含有的元素中，氫和氦特別多，這有什麼意義嗎？事實上，這是宇宙由「大霹靂」（Big Bang）誕生的證據之一。

一般認為，大霹靂發生在大約138億年前，當時的宇宙是個高溫高密度的灼熱宇宙。

天文物理學家福勒（William Fowler，

大霹靂後
最先形成的元素是氫與氦

大霹靂揭開了宇宙的序幕。最先形成的是電子、夸克等基本粒子。隨著宇宙膨脹，溫度逐漸下降。約3分鐘後，質子與中子會結合並形成氦、鋰等較輕的原子核。再經過38萬年後，原子誕生。這些剛誕生的氫與氦因重力而聚集，經過數億年後形成恆星。恆星內部會發生核融合反應，合成各式各樣的元素。

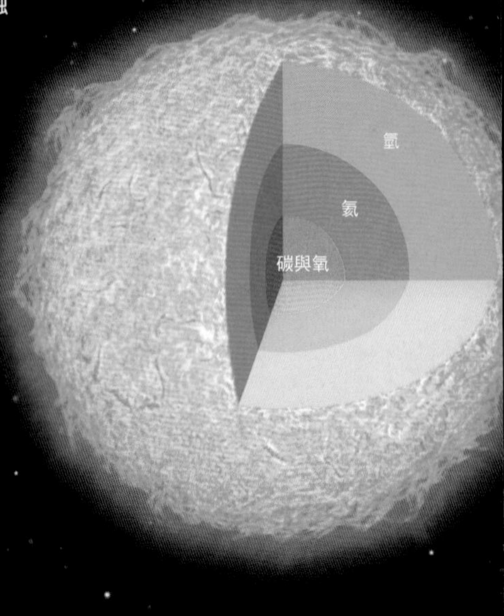

1. 質量在太陽一半以下的恆星

越重的恆星，內部溫度越高。右圖所示為質量是太陽0.1～0.5倍的恆星。這個大小的恆星只能進行將氫合成為氦的核融合反應。當氫用盡後，就會形成「白矮星」（white dwarf）這種高密度的天體。

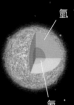

氫

氦

氫

氦

碳與氧

專欄 COLUMN　形成更重的元素

恆星內部還可以形成更重的元素。那就是將中子一個個融合進原子核，再使中子轉變成質子的「s過程」（s-process，s是slow的首字母）。恆星內部的中子數非常少，需要較多的反應時間，因而得名。s過程所能形成的最重元素是原子序82的鉛（Pb）。

2. 質量為太陽0.5～8倍的恆星

這個大小的恆星最終可合成出碳與氧。三個氦（^{4}He）可融合成碳（^{12}C），若再與一個氦（^{4}He）融合就會變成氧（^{16}O）。這類恆星在用盡氫與氦之後就會步入衰亡，膨脹成高溫的「紅巨星」（red giant）。其後，外側的氫與氦的氣體釋放至宇宙空間（行星狀星雲），內側的碳與氧則會形成白矮星。

＊也會生成氮（N）。

1911～1995）等 4 名科學家在1957年發表的論文中主張，電子、質子、中子都是在大霹靂後約10萬分之 1 秒內誕生。再經過 3 分鐘後，宇宙溫度降至約10億℃，原本四散的質子與中子彼此結合，形成氦、鋰等較輕的原子核（氫原子核是單個質子）。約38萬年後，宇宙溫度降至約3000℃，於是四散的原子核與電子彼此結合，形成原子。

氫與氦就在重力的影響下聚集在一起，經數億年後形成恆星。在常保高溫高密度條件的恆星內部中，核融合反應※持續進行，進而生成氧、碳、氖等各式各樣的元素。

※：當某個原子核與另一個原子核在特定環境下接觸，兩個原子核就會融合成另一種原子核（原子序較大的元素）的現象。

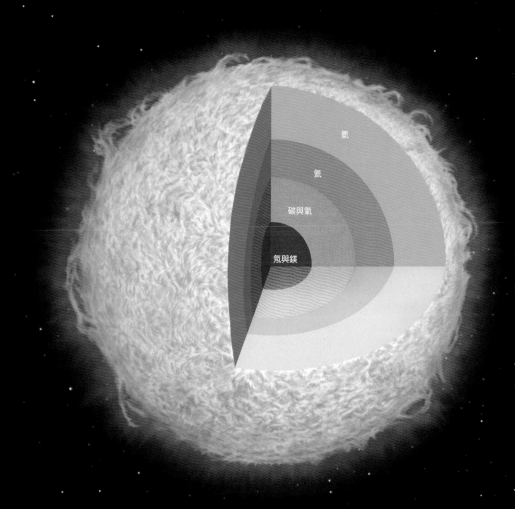

3. 質量為太陽8～10倍的恆星

這個大小的恆星會繼續進行核融合反應，直到合成出氖與鎂。首先，兩個碳（ ^{12}C ）融合後會生成氖（ ^{20}Ne ）與氦（ ^{4}He ）。接著氖會轉變成鈉（ ^{23}Na ），鈉再轉變成鎂（ ^{24}Mg ）。最後，恆星會轉變成以氧、氖與鎂為核心的白矮星，或是發生小規模的「超新星爆炸」（參見次頁）。

＊也會生成鈉（Na）與鋁（Al）。

核融合反應與恆星爆炸所產生的較重元素

恆星內部可製造的最重元素是鐵（Fe）[※]。但只有質量為太陽10倍以上、內部溫度50億℃以上的恆星，才能合成出鐵。

製造出鐵之後，恆星內部就不會再發生核融合反應了，且星體會開始急速收縮，最終引發巨大的爆炸——「超新星爆炸」（supernova explosion）。一旦發生超新星爆炸，就會產生大量中子，猛烈撞擊既有的原子核並進行融合，形成擁有過多中子的原子核（不穩定核）。這些不穩定核就是比鐵重的元素其原子核的來源。爆炸之際所產生的大量不穩定核在之後會有部分中子轉變成質子（β衰變），形成銀、金、鈾等各種元素的原子。

在恆星內部以及超新星爆炸時合成並四散至宇宙的原子，會成為其他恆星的原料，再進行下一輪核融合反應。一般認為，構成太陽系的各種原子也是歷經多次超新星爆炸的產物。這就是為什麼太陽無法合成鐵，地球上卻蘊藏著豐富的鐵。

※：有時也會形成較重的元素（參見前頁的迷你專欄）。

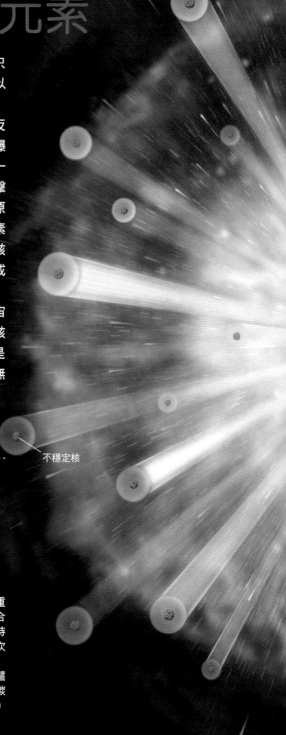

不穩定核

雖然理論上可行，但至今仍未實際觀測到超新星爆炸導致較重元素形成的過程（r過程，r-process）。一般認為，「中子星合併」時會發生 r 過程。2017年時，科學家觀測到中子星合併時產生的重力波（時空漣漪），而在進一步的觀測分析中，更首次找到了可用於解釋 r 過程發生的增亮的光。

除了超新星爆炸之外，還有許多天體可以合成較重元素。譬如沃夫－瑞葉星（Wolf-Rayet star）這種超重的恆星會合成碳元素；而能量是一般超新星爆炸30倍的特超新星（hypernova）爆炸，則可能會形成鋅、鈦等元素。

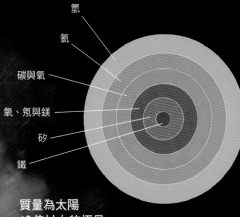

氫
氦
碳與氧
氧、氖與鎂
矽
鐵

質量為太陽
10倍以上的恆星

這個大小的恆星可將兩個氧（^{16}O）融合成矽（^{28}Si）與氦（^{4}He），再經過多個核融合反應，最後合成出鐵（^{56}Fe）。所有元素中，鐵原子核的結合能（binding energy）最大，所以恆星內部的反應條件不會再變化。換言之，核融合會停在鐵。

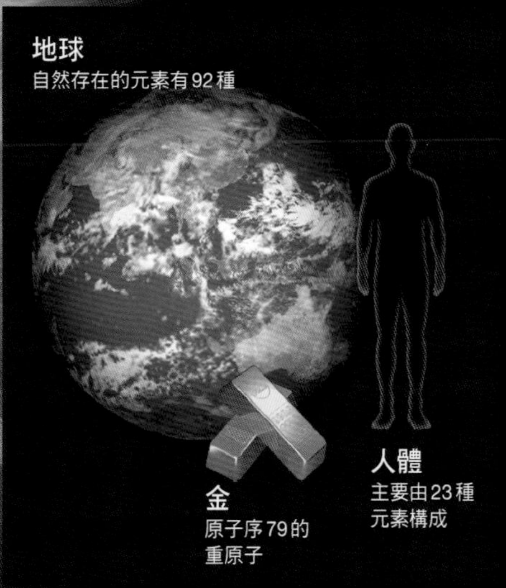

地球
自然存在的元素有92種

金
原子序79的
重原子

人體
主要由23種
元素構成

製造重元素的超新星爆炸

超新星爆炸的想像圖。當恆星合成出鐵，無法繼續進一步的核融合反應時，就會開始急遽收縮，引發超新星爆炸。爆炸後會生成大量的不穩定核，這些不穩定核會轉變成比鐵還要重的原子核。這種反應相當快（rapid），所以稱為「r過程」。

製造人造元素的「加速器」

地 球自然存在的元素，從氫到鈾共有92種。若要開發無法在自然界中穩定存在的元素，就必須以人工方式進行合成。事實上，原子序在93以後的元素，都是經由人工合成才「發現」的產物（原子序93與94的元素雖是透過人工合成發現，但後來證明亦有微量存在於自然界中）。

要合成新的元素（製造更重的元素），就得引發恆星內部或超新星爆炸時發生的核融合反應，也就是說，必須讓原子核互相碰撞才行。然而這並非易事，因為帶正電的原子核彼此會互相排斥，若想讓兩個原子核相撞，勢必要將原子加速到非常快才行。

而名為「加速器」的實驗裝置能夠做到。加速器可以用電能將電子、質子、原子核等粒子加速，使其相撞融合，形成新的元素。日本研究團隊發現的原子序113元素「鉨」就是其中一個用加速器合成的元素。

新元素的合成

新元素的壽命非常短，可藉由觀察該元素的衰變過程來確認其存在。也就是說，觀測衰變後形成的已知元素，就能夠反推衰變前合成出來的是什麼元素。

鋅
（原子序30）

鉍
（原子序83）

中子

以加速後的鋅原子核撞擊鉍原子核，產生核融合反應。

近年發現的元素

週期表原子序93以後的元素皆為人工合成元素。2009年正式認定112號（原子序112的）元素，2011年正式認定114號、116號元素（皆於隔年確定名稱）。接著在2015年12月，正式認定113號、115號、117號、118號元素為新元素，至此共有118種元素，「第7週期」前的所有元素皆已發現。

原子序	年份		合成方法	命名年份（IUPAC）	名稱（IUPAC）	符號（IUPAC）	中文名稱
112	1996年	以德國為中心的團隊	以Zn撞擊Pb合成	2010年	Copernicium	Cn	鎶
113	2004年	以日本理化學研究所為中心的團隊	以Zn撞擊Bi合成	2016年	Nihonium	Nh	鉨
114	2000年	俄、美合作研究團隊	以Ca撞擊Pu合成	2012年	Flerovium	Fl	鈇
115	2004年	俄、美合作研究團隊	以Ca撞擊Am合成	2016年	Moscovium	Mc	鏌
116	2001年	俄、美合作研究團隊	以Ca撞擊Cm合成	2012年	Livermorium	Lv	鉝
117	2010年	俄、美合作研究團隊	以Ca撞擊Bk合成	2016年	Tennessine	Ts	鿬
118	2002年	俄、美合作研究團隊	以Ca撞擊Cf合成	2016年	Oganesson	Og	鿫

	1	2	3	4	5	6	7	8	9	10	11	12	13	14	15	16	17	18
1	1 H																	2 He
2	3 Li	4 Be											5 B	6 C	7 N	8 O	9 F	10 Ne
3	11 Na	12 Mg											13 Al	14 Si	15 P	16 S	17 Cl	18 Ar
4	19 K	20 Ca	21 Sc	22 Ti	23 V	24 Cr	25 Mn	26 Fe	27 Co	28 Ni	29 Cu	30 Zn	31 Ga	32 Ge	33 As	34 Se	35 Br	36 Kr
5	37 Rb	38 Sr	39 Y	40 Zr	41 Nb	42 Mo	43 Tc	44 Ru	45 Rh	46 Pd	47 Ag	48 Cd	49 In	50 Sn	51 Sb	52 Te	53 I	54 Xe
6	55 Cs	56 Ba	57-71	72 Hf	73 Ta	74 W	75 Re	76 Os	77 Ir	78 Pt	79 Au	80 Hg	81 Tl	82 Pb	83 Bi	84 Po	85 At	86 Rn
7	87 Fr	88 Ra	89 ~103	104 Rf	105 Db	106 Sg	107 Bh	108 Hs	109 Mt	110 Ds	111 Rg	112 Cn	113 Nh	114 Fl	115 Mc	116 Lv	117 Ts	118 Og

非金屬：氣態 ☐　　鑭系元素 ☐
　　　　液態 ☐　　錒系元素
　　　　固態 ☐

1 H	← 原子序
	← 元素符號

金屬：液態 ☐
　　　固態 ☐　　常溫常壓下的物質狀態

鑭系元素 （57～71）	57 La	58 Ce	59 Pr	60 Nd	61 Pm	62 Sm	63 Eu	64 Gd	65 Tb	66 Dy	67 Ho	68 Er	69 Tm	70 Yb	71 Lu
錒系元素 （89～103）	89 Ac	90 Th	91 Pa	92 U	93 Np	94 Pu	95 Am	96 Cm	97 Bk	98 Cf	99 Es	100 Fm	101 Md	102 No	103 Lr

＊原子序104～118的元素物理化學性質尚未明瞭。

～素

α粒子
（氦原子核）

鍅
（105號元素）

衰變形式A

放出3個中子，並分裂成兩個大原子核。原子核的種類不明。

A

B

放出1個中子，形成
原子序113的元素。

生4次放出α粒子（由2個質
2個中子構成的氦原子核）的
α衰變」，形成鍅元素。

衰變形式B

再發生2次α衰變，形成鉧元素。

鉧
（101號元素）

COLUMN

「鉨」的發現
開拓了日本科學新頁

2015年12月，正式認定113號元素為新元素。發現者為日本理化學研究所（以下簡稱理研）的森田浩介博士及其研究團隊。這是科學史上首次由歐美以外國家的研究團隊取得命名權。名為「鉨」的這個元素，究竟是如何發現、確認的呢？

30號＋83號
＝113號元素

理研團隊所用的方法是，以加速器加速原子序30且質量數70的鋅（^{70}Zn）原子核，使其撞擊原子序83且質量數209的鉍（^{209}Bi）的薄膜，引發核融合反應。兩者原子序（質子數）相加為30＋83＝113，理論上應可得到原子序113的新元素。不過，這個實驗乍看之下很單純，實際上卻沒那麼簡單。因為製造大原子序之元素所需的核融合反應，本來就很難成功。

若要提高成功機率，就必須調整鋅原子核的撞擊速度，使鋅與鉍的原子核以適當速度接觸。要是撞擊速度太慢，鉍與鋅的原子核就會因為靜電排斥力而無法充分接近，不能引發核融合反應。反之，要是撞擊速度太快，兩原子核相撞時就會發生核分裂反應而分離。

113號元素是未發現元素，所以無人知曉最有效率的（最容易合成113號元素的）撞擊速度是多少。理研團隊先以合成原子序小於113的元素為目標進行多次實驗，尋求最合適的撞擊速度以利參考。最後推導出鋅的速度應設定成光速（秒速約30萬公里）的10%左右。

為了近一步提高實驗成功的可能性，理研團隊認為應該要盡可能地提升鋅撞擊鉍的次數，

實驗裝置「GARIS」

合成出113號元素後可從中挑選的實驗裝置「GARIS」示意圖。在原子序119後的元素實驗中所使用的2號機「GARIS-II」，也是運用類似的原理。從標靶飛出的原子會進入粒子接收口。2號機經過諸多改良，像是粒子接收口較廣、裝置全長較短，所用的電磁鐵磁力更強。

粒子束
高速前進的原子集團。合成113號元素時，用的是鋅。

粒子束撞上標靶

標靶
合成113號元素時，用的是鉍的膜。為了不讓粒子束一直打到同樣的位置，膜會以每分鐘3000～4000轉的速度旋轉。

粒子接收口

粒子束強度測定器

電磁鐵
扭曲非目標原子的前進路徑。

電磁鐵
將目標原子引導至檢出裝置。

電磁鐵
去除雜訊粒子。

檢出裝置
觀測目標原子衰變的過程。

非目標原子的前進路徑

目標原子（113號元素）的前進路徑

填充氦氣

於是獨立開發出能連續產生強力粒子束（在該實驗中為鋅原子核集團）的裝置與加速器。這裡說的「強力」並不是指撞擊速度很快，而是指發射的原子核數目很多。最後，理研團隊將粒子束提升到每秒約2.5兆個粒子。

經過了80天的實驗
終於合成出第1個

2003年8月，實力堅強的競爭對手德國研究團隊（擁有107～112號元素的命名權）開始投入113號元素的合成工作。理研團隊原本預計在隔年開始著手進行，卻決定提前進度，於同年9月開始進行正式的合成實驗。不過，理研團隊一直沒能合成出113號元素。由於結果不如預期，年末暫時中斷實驗。而德國團隊則在不久後宣布終止113號元素的合成實驗。

隔年，理研團隊重新開始實驗。從前一年的實驗算起，經過長達約80天的鋅粒子束照射，終於在2004年7月23日下午6時55分，成功合成並檢出113號元素。

研究重元素的意義

原子序104以後的元素又稱為「超重元素」（superheavy element）。第一個超重元素「鑪」（Rf）是在1960年代發現（合成出來）的。其後的50年內，人類發現的元素一路擴展到原子序118。從119號元素開始，就進入了週期表的「第8週期」。至今仍未有人成功合成出第8週期的元素，是個完全未知的世界。

最重的元素到底可以有多重呢？超重元素的合成是開拓科學的一大挑戰，今後人們還會持續探究下去。

鉨的紀念碑

矗立於日本埼玉縣和光市理化學研究所前的鉨紀念碑。從和光市車站到理化學研究所的道路被命名為「鉨路」，設有各式各樣的紀念設施，路面也有埋設關於原子序1～118的元素的紀念碑。

元素的原子序究竟能到多大

未來，新的元素又會開發到幾號呢？理論上，原子序最大可以到172，不過至今仍完全不曉得該用什麼方法合成這些元素。

右圖是「核種表」（table of nuclides），列出了已確認元素的同位素※。縱軸為質子數（原子序），橫軸為中子數。一格表示一個同位素，同一元素的同位素位於同一橫列。

已知原子核擁有特定數量的質子與中子時，會處於相對穩定的狀態。可讓原子核處於穩定狀態的質子數或中子數稱為「魔數」（magic number）。已知的魔數包括2、8、20、28、50、82、126、152（僅限中子），而當某種同位素擁有上述的質子數或中子數時，狀態就會相對穩定（壽命較長）。

即使以人工方式合成出原子序104以後的超重元素，一次也只能製造出數個原子，而且通常瞬間就會衰變，因此難以觀測其性質。目前科學家正嘗試觀察這些原子在特定氣體中前進時的行動，藉此從單一原子推測出元素的性質。

※：原子序相同，但中子數不同的元素。

第8週期有50個元素？

芬蘭赫爾辛基大學的皮寇（Pekka Pyykkö，1941～）教授於2011年發表的172個元素的週期表（論文中列出了長週期型的週期表，此處將其再整理成超長週期型）。第8週期元素的最外殼層是R層。原子序121～138的元素，其電子應會填入R層的前三個電子殼層（O層的5g軌域）。不過，這些都只是理論計算，至今仍未確定這些元素是否存在。

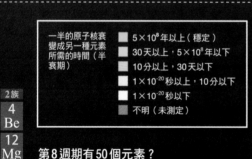

一半的原子核衰變成另一種元素所需的時間（半衰期）	
■	$5×10^8$ 年以上（穩定）
■	30天以上，$5×10^8$ 年以下
■	10分以上，30天以下
■	$1×10^{-20}$ 秒以上，10分以下
■	$1×10^{-20}$ 秒以下
■	不明（未測定）

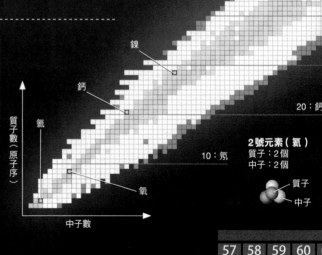

質子數（原子序）

中子數

氫

氦

氧

鈣

鎳

10：氖

20：鈣

2號元素（氦）
質子：2個
中子：2個

質子
中子

	1族		2族
1週期	1 H		
2週期	3 Li		4 Be
3週期	11 Na		12 Mg
4週期	19 K		20 Ca
5週期	37 Rb		38 Sr
6週期	55 Cs		56 Ba
7週期	87 Fr		88 Ra

3族

8週期	119	120	121	122	123	124	125	126	127	128	129	130	131	132	133	134	135	136	137	138	141	142	143	144
9週期	165	166																						

57 La	58 Ce	59 Pr	60 Nd	
89 Ac	90 Th	91 Pa	92 U	

核種表

至今已確認的各種同位素排列而成的核種表（中央），以及由理論預測的172號元素以前的週期表（下）。核種表是依照原子核的壽命長度（穩定度）著上不同的顏色加以區分。另外，質子數為魔數的同位素相對穩定，壽命較長者以紅色方框標示，並列出原子核種類。

126號元素（尚未發現）
質子：126個
中子：193個左右？

110：鐽

100：鐽

90：釷

80：汞

鉛

82番元素（鉛）
質子：82個
中子：126個

70：鐿

穩定島

如果質子數與中子數相等時的原子核最穩定，那麼在核種表中，最穩定的同位素（藍色方格）的分布應該是左下右上45度斜直線才對。然而，原子序越大（越往上）時，穩定的同位素分布反而越往右傾斜。這表示當原子核越大時，有較多的中子才能使狀態更穩定。

「126」被認為是能使原子核穩定的魔數之一，所以126號元素理應有較長的壽命。像126號元素這種理論上壽命較長的同位素，在核種表中就像是「不穩定海」中的「島」，因而稱為「穩定島」（island of stability）。

60：釹

錫

50號元素（錫）
質子：50個
中子：70個

50：錫

40：鋯

28號元素（鎳）
質子：28個
中子：30個

30：鋅

20番元素（鈣）
質子：20個
中子：20個

8號元素（氧）
質子：8個
中子：8個

																	18族
																	2 He
											13族	14族	15族	16族	17族		
											5 B	6 C	7 N	8 O	9 F		10 Ne
											13 Al	14 Si	15 P	16 S	17 Cl		18 Ar
3族	4族	5族	6族	7族	8族	9族	10族	11族	12族								
21 Sc	22 Ti	23 V	24 Cr	25 Mn	26 Fe	27 Co	28 Ni	29 Cu	30 Zn		31 Ga	32 Ge	33 As	34 Se	35 Br		36 Kr
39 Y	40 Zr	41 Nb	42 Mo	43 Tc	44 Ru	45 Rh	46 Pd	47 Ag	48 Cd		49 In	50 Sn	51 Sb	52 Te	53 I		54 Xe

3族

2 m	63 Eu	64 Gd	65 Tb	66 Dy	67 Ho	68 Er	69 Tm	70 Yb	71 Lu	72 Hf	73 Ta	74 W	75 Re	76 Os	77 Ir	78 Pt	79 Au	80 Hg	81 Tl	82 Pb	83 Bi	84 Po	85 At	86 Rn
4 u	95 Am	96 Cm	97 Bk	98 Cf	99 Es	100 Fm	101 Md	102 No	103 Lr	104 Rf	105 Db	106 Sg	107 Bh	108 Hs	109 Mt	110 Ds	111 Rg	112 Cn	113 Nh	114 Fl	115 Mc	116 Lv	117 Ts	118 Og
6	147	148	149	150	151	152	153	154	155	156	157	158	159	160	161	162	163	164	139	140	169	170	171	172
																			167	168				

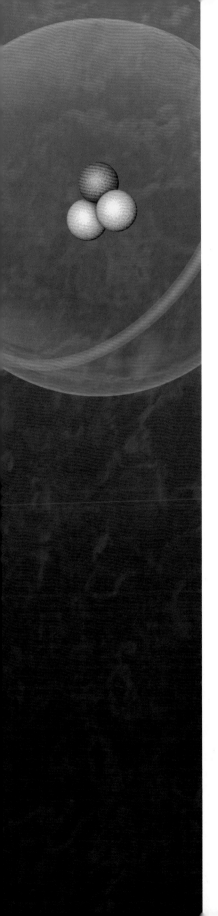

2

週期表與元素

The periodic table and its elements

相同種類的原子具有相同的重量

如果把物質一直分割下去，最後會分解成什麼呢？距今2500年前，古希臘哲學家就在思考萬物的根源是什麼。其中，德謨克利特（Democritus，前460左右～前370左右）主張萬物皆由極微小的粒子組成，並稱之為「原子」（atom）。atom在希臘文中意為「無法再加以分割的東西」。

另一方面，希臘哲學家亞里斯多德（Aristotle，前384～前322）則提出了「四元素說」（the Four Elements），認為萬物皆由空氣、水、土、火這四種「元素」所構成，而且未將這些元素視為粒子。在之後的2000年內，人們普遍接受他的想法。

確立了元素理論的拉瓦節

直到18世紀後半，才確立了現代的元素概念。法國化學家拉瓦節（Antoine Lavoisier，1743～1794）證實空氣是多種氣體的混合物，並發現了空氣中的元素「氧」。他於1789年發表《化學基本論述》（Traité Élémentaire de Chimie），在書中定義元素是「無法繼續分解的純物質」。

世人打從古希臘時代以來堅信

古希臘時代

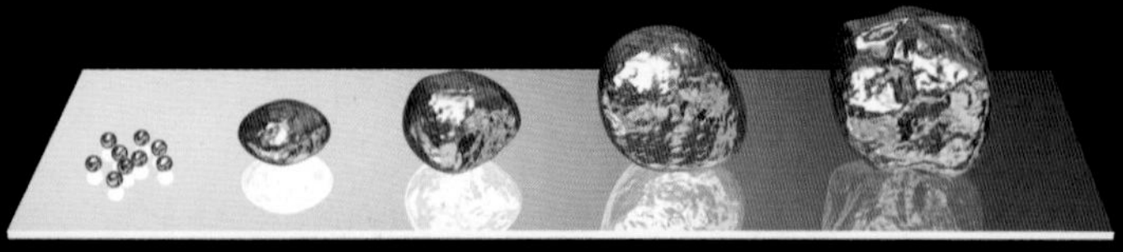

德謨克利特的原子
西元前 5 世紀左右，古希臘的德謨克利特提出「原子」的概念，認為所有物質的根源是由不可分割的有限個粒子組成。

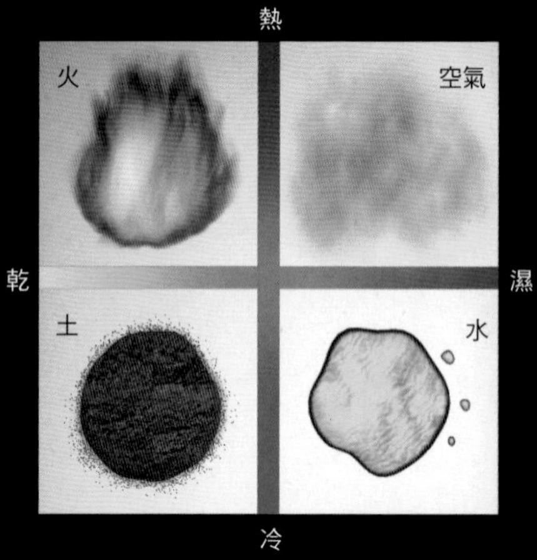

熱

火　　空氣

乾　　　　濕

土　　水

冷

亞里斯多德的四元素說
西元前 5 世紀，古希臘的恩培多克勒（Empedocles，前490左右～前430左右）提出四元素說，認為物質的根源為「水、火、土、空氣」。在這之後，亞里斯多德為四元素說加上感覺方面的性質（熱、冷等）說明。該學說在之後的2000年內為人們所接受。

不疑的亞里斯多德四元素說就此被否定，取而代之的是拉瓦節於1789年列出的元素表，表中共有33種元素。除了氫與氧之外，還有「光」與「熱」等元素。

道爾頓提出的元素「重量」

英國的物理學家暨化學家道爾頓（John Dalton，1766～1844）將新元素的概念與原子說

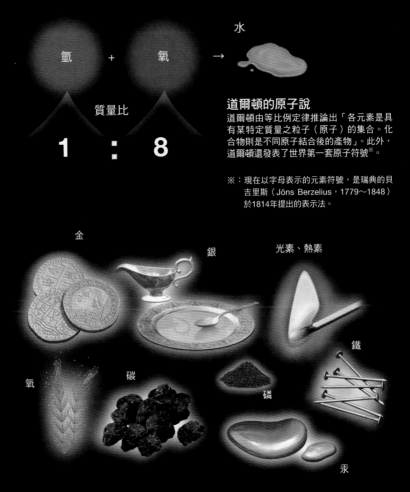

19世紀初

水

氫　＋　氧　→

質量比

1 ： 8

道爾頓的原子說

道爾頓由等比例定律推論出「各元素是具有某特定質量之粒子（原子）的集合。化合物則是不同原子結合後的產物」。此外，道爾頓還發表了世界第一套原子符號[※]。

※：現在以字母表示的元素符號，是瑞典的貝吉里斯（Jöns Berzelius，1779～1848）於1814年提出的表示法。

金

銀

光素、熱素

鐵

氧

碳

磷

汞

18世紀後半

拉瓦節
（1743～1794）

拉瓦節確立了新的元素觀

拉瓦節將不管用什麼方式都無法再繼續分解的物質定義為「元素」，並整理出超過30種元素。他也確認到氫與氧反應後，會得到質量與兩者總和相同的水。之後進行水的分解實驗，證實水並非元素，而是由氫與氧組成的化合物。

結合在一起。他於1805年提出了一個劃時代指標，用以比較不同元素的差異，即元素的「重量」。

當時人們已經知道水（H_2O）是由氫（H）與氧（O）組成。因為拉瓦節發表的論文指出，若將氫與氧混合後點火，就會生成水。

生成水時消耗的氫與氧之重量比恆保持固定。因此道爾頓認為，氫與氧是由「最小單位的粒子」構成，這些粒子永遠會以相同比例結合成水。最小單位的粒子，指的就是原子。

接著道爾頓又提出同種類原子應該具有相同的重量（質量）。以氫為例，每個氫原子的質量都一樣。道爾頓將氫原子的質量定為1，計算出其他原子的質量（相對質量），稱為「原子量」（atomic mass）。這個原子量概念，一直用到200年後的現代。

將元素依序排列就能看出規律

下　圖列出從氫到鈾共92種元素，從左側開始按原子量小到大依序排列。熔點以紅色表示（各項左側長條），密度以藍色表示（各項右側長條）。由圖可以看出，元素的熔點與密度有週期性的起伏（有高峰與低谷）。雖然每種元素的外觀及性質

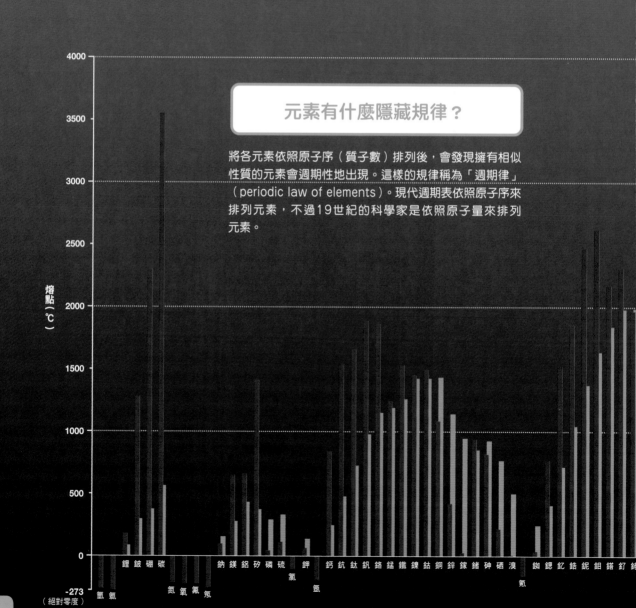

元素有什麼隱藏規律？

將各元素依照原子序（質子數）排列後，會發現擁有相似性質的元素會週期性地出現。這樣的規律稱為「週期律」（periodic law of elements）。現代週期表依照原子序來排列元素，不過19世紀的科學家是依照原子量來排列元素。

熔點（℃）

4000

3500

3000

2500

2000

1500

1000

500

0

-273
（絕對零度）

鋰 鈹 硼 碳　　　　　鈉 鎂 鋁 矽 磷 硫　　鉀　　　鈣 鈧 鈦 釩 鉻 錳 鐵 鎳 鈷 銅 鋅 鎵 鍺 砷 硒 溴　　　　鉚 鍶 釔 鋯 鈮 鉬 鎝 釕 銠

氫 氦　　　　　　氮 氧 氟 氖　　　氬　　　　　　　　　　　　　　　　　　　　　　　氪

各有不同，但如果像這樣以質量（原子量）為基準排成一列，就可以看出其中的規律。

1860年9月，第1屆國際化學家會議在德國卡爾斯魯厄召開。許多歐洲科學家齊聚一堂，討論是否該依照原子量來排列這些元素。不過，即使想統整當時已發現的元素，每位科學家測到的原子量數值也不盡相同。因此，會議中協議了原子量的推導方式，並針對已發現的約60種元素，發表當時認定為最精準的原子量數值。

19世紀時已知的元素還不多。不過，隨著原子量等資訊越來越豐富，科學家也逐漸能掌握元素背後的規律了。

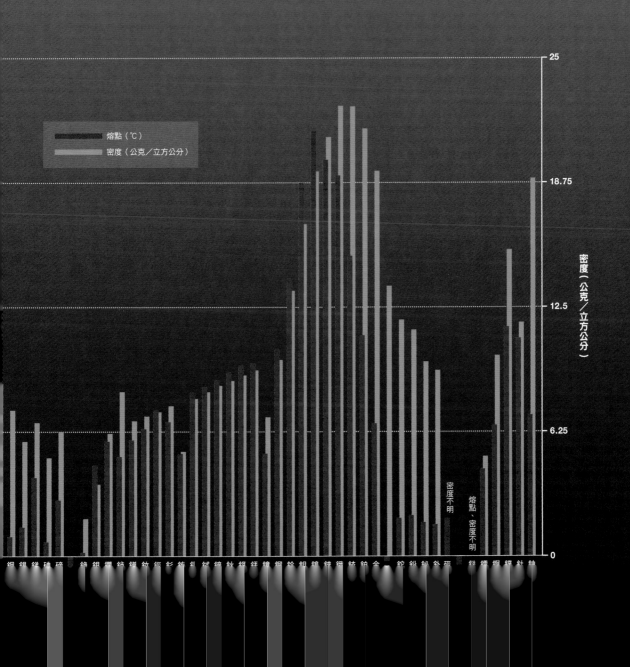

熔點（℃）

密度（公克／立方公分）

25

18.75

12.5

6.25

0

密度（公克／立方公分）

密度不明

熔點、密度不明

讓科學家絞盡腦汁的元素統整法

若依原子量將元素由小排到大，會發現擁有相似性質的氣體或金屬元素會週期性地出現，據說最先注意到這點的人是法國的地質學家尚古爾多阿（Béguyer de Chancourtois，1820～1886）。尚古爾多阿於1862年發現一個規律：當原子量每多16，就會出現性質相似的元素。譬如鋰（Li，原子量7）、鈉（Na，原子量23）、鉀（K，原子量39），都有「熔點低」、「柔軟的金屬」、「會與水等產生劇烈反應」這類性質。

而在2年之後，英國化學家紐蘭茲（John Newlands，1837～1898）發表了一項規律，他將元素依原子量由小到大加上編號，發現每8個編號就會出現性質相似的元素。這和每經過八度音階就會出現同一個音（Do Re Mi Fa Sol La Si Do）的情況類似，於是將其命名為「八度律」（law of octaves）。不過，八度律並不適用於所有元素，所以科學界並不承認這個規律。

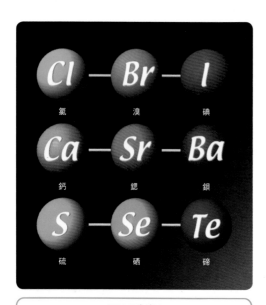

三元素組

德國的德貝萊納（Johann Döbereiner，1780～1849）於1829年注意到，剛被發現的溴其活性與氯、碘十分相似。而且「鈣、鍶、鋇」與「硫、硒、碲」的性質也很類似。德貝萊納將其命名為「三元素組」（triads）。

八度律

紐蘭茲於1864年發現這個獨特的規律。某元素每過8個編號，就會出現與之性質相似的元素，故稱為「八度律」。但原子量較大的元素就不適用了，該規律未被世人普遍認同。

地螺旋

1862年，尚古爾多阿發表了「地螺旋」（telluric screw）。若將元素由上往下排列成螺旋狀，則性質相似的元素會排在同一條垂線上。然而這要用到有數學鍊金術之稱的數秘術（Numerology）來解釋，而且中間有許多空缺，幾乎沒有人能夠理解這張圖的意義。

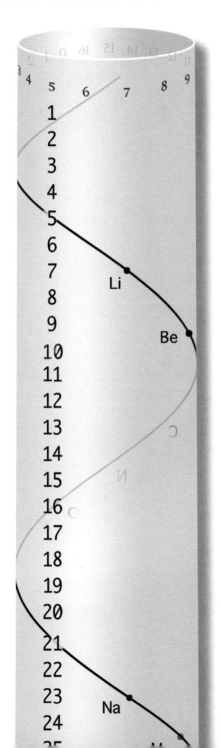

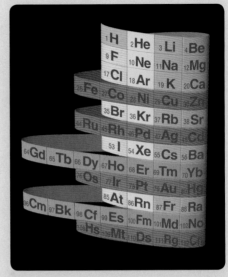

元素接觸

在此介紹現代人想到的新型週期表。上圖是將第1族與第18族、第3週期的Mg與Al等，所有元素相連而成的「元素接觸」（Elementouch）。性質相似的第2族（Ca等）與第12族（Cd等）排在同一縱行（由日本京都大學前野悅輝教授提出）。

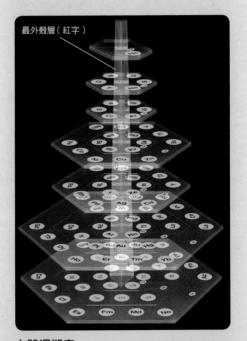

最外殼層（紅字）

立體週期表

加拿大化學家杜福（Fernando Dufour，1925～2018）提出。同週期元素在同一個「平板」上，同族元素在同一條「直線」上。從各平板的中心往外看，同方向的元素擁有相似的性質。

元素分類表的最終版為「週期表」

18 69年，元素分類表的最終版誕生 —— 由俄羅斯化學家門得列夫發表的「週期表」（元素週期表）。門得列夫週期表厲害的地方在於，在適當位置為當時尚未發現的元素留下空格，並預言原子量及其性質。後來，也的確在1869年發現鈧（Sc），在1875年發現鎵（Ga），在1886年發現鍺（Ge），證明了這張表的正確性。

不過，目前我們使用的週期表，並不完全是門得列夫整理出來的。舉例來說，在1890年代，氖（Ne）、氬（Ar）等新元素（惰性氣體）陸續被發現。這些惰性氣體（noble gas）難以和其他物質反應，且性質與過去發現的元素截然不同，讓科學家相當困擾。甚至有人主張，門得列夫的週期表有誤。不過，最後選擇追加新的直行（族），在不改變週期表基本架構的前提下，最終版的週期表於焉誕生。

後來也陸續發現新的元素，為週期表進行各種修正。

原子量

H 1 氫

元素符號　元素名稱

門得列夫的週期表

重現了門得列夫於1869年發表的週期表。這是他當時製作的週期表之一，元素符號與原子量數值皆為當時的資料。未確定的元素及原子量有標註「？」。

63個元素依照原子量大小由上而下排列（縱向），相似性質的元素則排在同一橫列（橫向）。這和現代週期表的縱橫方向相反。門得列夫在1871年又製作了一份與現代排列方式相同的週期表。

此外，門得列夫還在適當位置留下空格，預測某些元素的存在（灰色欄位）。他預測了16個新元素的原子量及其性質，其中有8個元素如他所料（以土黃色外框標示）。

Li	7 鋰	Na	23 鈉
Be	9.4 鈹	Mg	24 鎂
B	11 硼	Al	27.3 鋁
C	12 碳	Si	28 矽
N	14 氮	P	31 磷
O	16 氧	S	32 硫
F	19 氟	Cl	35.5 氯

K 39 鉀	Rb 85 銣	Cs 133 銫	—	預測原子量：220 → 實際原子量：223 （鍅，Fr）
Ca 40 鈣	Sr 87 鍶	Ba 137 鋇	—	—
預測原子量：44 → 實際原子量：44.69 （鈧，Sc）	Yt? 88? 釔	Di? 138? 釹鐠 ※	Er 178? 鉺	—
Ti 48? 鈦	Zr 90 鋯	Ce 140? 鈰	La? 180? 鑭	Th 231 釷
V 51 釩	Nb 94 鈮	—	Ta 182 鉭	預測原子量：235 → 實際原子量：231.0 （鏷，Pa）
Cr 52 鉻	Mo 96 鉬	—	W 184 鎢	U 240 鈾
Mn 55 錳	預測原子量：100 → 實際原子量：99 （鎝，Tc）	—	預測原子量：190 → 實際原子量：186.2 （錸，Re）	—
Fe 56 鐵	Ru 104 釕	—	Os 195? 鋨	—
Co 59 鈷	Rh 104 銠	—	Ir 197 銥	—
Ni 59 鎳	Pd 106 鈀	—	Pt 198? 鉑	—
Cu 63 銅	Ag 108 銀	—	Au 199? 金	—
Zn 65 鋅	Cd 112 鎘	—	Hg 200 汞	—
預測原子量：68 → 實際原子量：69.72 （鎵，Ga）	In 113 銦	—	Tl 204 鉈	—
預測原子量：72 → 實際原子量：72.63 （鍺，Ge）	Sn 118 錫	—	Pb 207 鉛	—
As 75 砷	Sb 122 銻	—	Bi 208 鉍	—
Se 78 硒	Te 125? 碲	—	預測原子量：212 → 實際原子量：210 （釙，Po）	—
Br 80 溴	I 127 碘	—	—	—

※：目前並不存在。1841年發現時認為是一種新元素，不過到了1885年證明是釹和鐠的混合物。

＊依現代知識，將金屬元素標示為靛色，非金屬元素標示為紫色。

創下豐功偉業的
門得列夫的一生

18 34年，門得列夫出生於西伯利亞西部的托波斯克，是14位兄弟姊妹的老么。門得列夫14歲時父親過世，小孩都由母親一手養大。

注意到門得列夫擁有出色才能的母親，為了讓兒子接受更好的教育而努力工作，順利讓他進入大學就讀。後來，門得列夫在他的論文中引用母親最後留下來的話「去追尋科學的真實吧」，並稱之為「神聖的話語」。

取得教師資格後，擔任教職之餘，門得列夫也在著手進行自己的研究，並於1859年得到前往歐洲（巴黎）留學2年的機會。後來，門得列夫前往德國海德堡大學，在克希何夫底下做研究。克希何夫曾與本生一同開發出光譜儀（依波長分散光線，測定各波長強度的裝置）。他們發現加熱元素後，元素會釋放出特有的發射光譜（參見第29頁），並使用光譜儀陸續發現各種新的元素。

以鑽研化學為目標的門得列夫對元素的知識日漸增長，不過他生性暴躁，後來因

為人際關係的問題離開了大學。

完成偉業卻
沒拿到諾貝爾獎

門得列夫出席了1860年於德國卡爾斯魯厄舉行的國際化學家會議，聽得義大利化學家坎尼扎羅（Stanislao Cannizzaro，1826～1910）發表與原子量有關的演講，讓他十分振奮。坎尼扎羅在演講中主張，基於1811年亞佛加厥（Amedeo Avogadro，1776～1856）提出的假說「同溫同壓下，同體積的任何氣體都含有相同數目的分子」，原子是物質的最小單位，所以必須明確分辨出原子與分子的差異。也因此，作為會議主題之一的元素質量測定應以原子量表示。

這讓門得列夫注意到原子量的重要性，開始思考原子的「週期律」。

1861年，門得列夫回到俄羅斯，在聖彼得堡大學擔任講師。從歐洲帶回近代化學知識的門得列夫其課程廣受好評，於1867年晉升為教授。到了1869年，他在製作化學教科書的過程中完成週期表。

門得列夫完成化學界的偉業，聲名大噪，卻因為他在1890年時支持要求大學增加獎學金的學生運動，而被大學革職。此外，在1906年的諾貝爾化學獎提名中，門得列夫以1票之差敗給了以「氟的研究與分離及電爐的發明」著名的法國化學家莫瓦桑（Henri Moissan，1852～1907）。隔年，門得列夫去世。

為了傳頌門得列夫的偉業，莫斯科地下鐵車站以「Mendeleyevskaya」為名紀念他（車站內的燈飾以分子為主題）。另外，月球背面也有撞擊坑命名為「門得列夫」。不僅如此，1955年發現的101號元素也命名為「鍆」（mendelevium）。

俄羅斯聖彼得堡街道上的門得列夫紀念碑與週期表。

由週期表看出
元素的個性

週 期表（長式週期表）的橫列稱為「週期」，是將電子殼層數相同的元素排成列。另一方面，縱行稱為「族」，是將最外面的電子殼層（最外殼層）電子數相同的元素排成行。最外殼層電子數決定元素的性質，從週期表一眼就能看出哪些元素具有相似的

鹼金屬
氫以外的第 1 族元素，活性很大。舉例來說，如果將鈉（Na）放在含水的濾紙上就會燃燒。這是鈉原子將最外殼層（M層）的 1 個電子傳遞給水分所引發的化學反應。如此一來，M層就不再有電子，最外殼層變成了往內一層的L層。此時的L層為填滿電子的穩定狀態。

典型元素
第 1、2、12～18族元素。同一縱行（同族）的元素通常擁有相似的性質。

過渡元素
第3～11族元素。同一橫列（同週期）的元素擁有相似的性質（參見次頁）。

鹼土金屬
第 2 族元素。與鹼金屬相比，鹼土金屬的熔點較高、密度較大。另外，鹼土金屬在自然界中不會以單質的形式存在。

族（縱行）

| | 週期（橫列） | 1 | 2 | 3 | 4 | 5 | 6 | 7 |

週期	1	2	3	4	5	6	7

1	1 H						
2	3 Li	4 Be					
3	11 Na	12 Mg					
4	19 K	20 Ca	21 Sc	22 Ti	23 V	24 Cr	25 Mn
5	37 Rb	38 Sr	39 Y	40 Zr	41 Nb	42 Mo	43 Tc
6	55 Cs	56 Ba		72 Hf	73 Ta	74 W	75 Re
7	87 Fr	88 Ra		104 Rf	105 Db	106 Sg	107 Bh

長週期型的週期表

目前國際標準是採用長式週期表的形式，表中列出第 1 族～第18族、第 1 週期～第7 週期的所有元素。

鑭系元素
原子序57～71的元素。再加上原子序21的鈧（Sc）與39的釔（Y），這17種元素合稱為稀土元素（參見第100頁）。

| 57 La | 58 Ce | 59 Pr | 60 Nd | |
| 89 Ac | 90 Th | 91 Pa | 92 U | |

錒系元素

性質。

接著，我們把焦點放在每一族的元素上。位於最左端的「第1族」為鹼金屬（除了氫以外），特徵是活性很大。「第14族」有許多生活中隨處可見、具有重要功能的元素，譬如碳（C）與矽（Si）。碳與氮（N）可組成胺基酸，胺基酸是建構身體的蛋白質的材料。矽常用於製造玻璃、水泥、半導體等工業產品。

最右端的「第18族」又稱為惰性氣體。惰性氣體的電子殼層沒有「空位」，即電子殼層內已填滿電子，故性質非常穩定，很難與其他元素反應。譬如氦（He）比空氣輕，靠近火也不會燃燒，所以可以用來填充氣球。

| 9 | 10 | 11 | 12 | 13 | 14 | 15 | 16 | 17 | 18 |

卤素
第17族元素。傾向從其他原子那裡獲得1個電子，形成1價陰離子。

| | | | | | | | | | 2
He |

惰性氣體
第18族元素。幾乎不會與其他原子形成化合物，基本上以單一原子氣體的形式存在（因為最外殼層電子為填滿狀態，故單個原子便能穩定存在）。

				5 B	6 C	7 N	8 O	9 F	10 Ne
				13 Al	14 Si	15 P	16 S	17 Cl	18 Ar
7 Co	28 Ni	29 Cu	30 Zn	31 Ga	32 Ge	33 As	34 Se	35 Br	36 Kr
5 h	46 Pd	47 Ag	48 Cd	49 In	50 Sn	51 Sb	52 Te	53 I	54 Xe
7 r	78 Pt	79 Au	80 Hg	81 Tl	82 Pb	83 Bi	84 Po	85 At	86 Rn
09 Mt	110 Ds	111 Rg	112 Cn	113 Nh	114 Fl	115 Mc	116 Lv	117 Ts	118 Og

| 2
m | 63
Eu | 64
Gd | 65
Tb | 66
Dy | 67
Ho | 68
Er | 69
Tm | 70
Yb | 71
Lu |
| 04
Pu | 95
Am | 96
Cm | 97
Bk | 98
Cf | 99
Es | 100
Fm | 101
Md | 102
No | 103
Lr |

電子組態
電子分布於原子核周圍某幾個特定的電子殼層。電子殼層由最內殼層算起，分別稱為K層、L層、M層，每個電子殼層可容納的最大原子數分別為2個、8個、18個。下為示意圖，實際上原子核僅有原子的10萬分之1大。

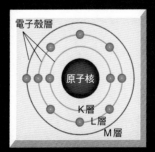

電子殼層

原子核

K層
L層
M層

擁有相似性質的第3～11族元素

週 期表中央為第3～11族的元素，稱為「過渡元素」（transition element）。每種過渡元素的電子數各不相同，神奇的是最外殼層的電子數都一樣。

以第4週期的過渡元素為例，電子原則上會按照K層、L層、M層、N層的順序，由內往外依序填入。因為帶負電的電子會被帶正電的原子核吸引，所以會先填入距離原子核最近的電子殼層。當內側的電子殼層都填滿之後，電子才會開始填入下個電子殼層。電子殼層可以再分成數個「副殼層」，而第4週期的元素不只會填入M層的副殼層，也會填入N層的副殼層。

由於最外殼層電子數幾乎沒有改變，所以

M層有9個空位。　　　　M層有8個空位。　　　　M層有7個空位。　　　　M層有5個空位。　　　　M層有5個空位。

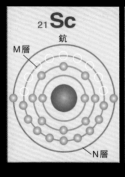

₂₁ **Sc**
鈧
M層
N層

₂₂ **Ti**
鈦

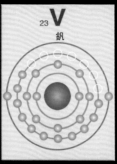

₂₃ **V**
釩

₂₄ **Cr**
鉻

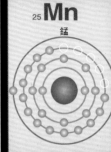

₂₅ **Mn**
錳

過渡元素
（第3～11族）

原則上，電子會填入離原子核最近的電子殼層的「空位」，但過渡元素是例外。圖為原子序21～30之元素的電子組態示意圖。較內側的電子殼層（M層）明明還有空位，電子卻填入了較外側的電子殼層（N層）。過渡元素的最外殼層（N層）電子數都差不多，即使是不同族也會擁有相似的性質。

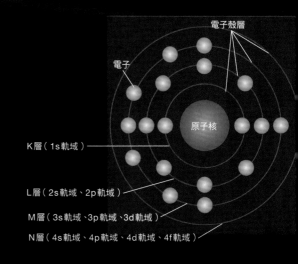

電子殼層
電子
原子核

K層（1s軌域）

L層（2s軌域、2p軌域）

M層（3s軌域、3p軌域、3d軌域）

N層（4s軌域、4p軌域、4d軌域、4f軌域）

過渡元素都擁有相似的性質，譬如鐵（Fe）與銅（Cu）就是如此。可能會有人對此感到疑惑：「鐵與銅的性質相似嗎？」事實上，兩者都有很高的熔點，會和氧形成數種化合物，從這些方面都可以看出鐵和銅擁有相似的化學性質。

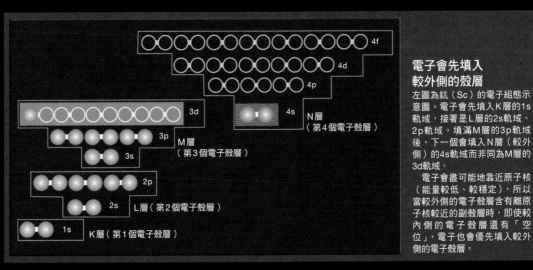

電子會先填入較外側的殼層

左圖為鈧（Sc）的電子組態示意圖。電子會先填入K層的1s軌域，接著是L層的2s軌域、2p軌域。填滿M層的3p軌域後，下一個會填入N層（較外側）的4s軌域而非同為M層的3d軌域。

電子會盡可能地靠近原子核（能量較低、較穩定），所以當較外側的電子殼層含有離原子核較近的副殼層時，即使較內側的電子殼層還有「空位」，電子也會優先填入較外側的電子殼層。

| 層有4個空位。 | M層有3個空位。 | M層有2個空位。 | M層沒有空位。 | M層沒有空位。 |

 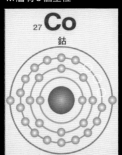 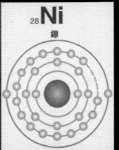  

＊鋅（Zn）的內層電子已被填滿，嚴格來說並非過渡元素。上圖一併列出是為了比較。

副殼層（左圖）

電子殼層可再分成多個容納電子的區域，稱為副殼層。K層有1s軌域，L層有2s、2p軌域，M層有3s、3p、3d軌域……依此類推。電子殼層每往外一層，副殼層的數目就多一個。

隨著原子序增加原子也會變大嗎

週 期表的元素是依照原子序由小排到大。原子序增加時，電子殼層與電子數也會隨之增加。原子核只占整個原子的10萬分之1左右，原子的大小幾乎取決於電子。這會讓人覺得，當電子殼層與電子數增加時，原子應該也會變大才對。但事實上，

若比較同一橫列（同週期）的元素，就會發現即使原子序增加，原子也不一定會變大。

這是因為電子數增加的同時，質子數也會跟著增加。質子數增加，代表原子核所帶的正電荷（電荷量）增加，於是原子核吸引電子的力道增強，反而會使整個原子縮小。

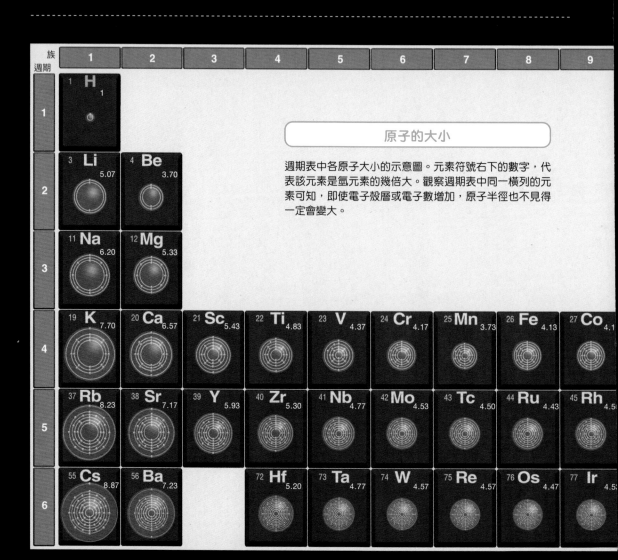

原子的大小

週期表中各原子大小的示意圖。元素符號右下的數字，代表該元素是氫元素的幾倍大。觀察週期表中同一橫列的元素可知，即使電子殼層或電子數增加，原子半徑也不見得一定會變大。

族 週期	1	2	3	4	5	6	7	8	9
1	1 H 1								
2	3 Li 5.07	4 Be 3.70							
3	11 Na 6.20	12 Mg 5.33							
4	19 K 7.70	20 Ca 6.57	21 Sc 5.43	22 Ti 4.83	23 V 4.37	24 Cr 4.17	25 Mn 3.73	26 Fe 4.13	27 Co 4.1
5	37 Rb 8.23	38 Sr 7.17	39 Y 5.93	40 Zr 5.30	41 Nb 4.77	42 Mo 4.53	43 Tc 4.50	44 Ru 4.43	45 Rh 4.5
6	55 Cs 8.87	56 Ba 7.23		72 Hf 5.20	73 Ta 4.77	74 W 4.57	75 Re 4.57	76 Os 4.47	77 Ir 4.5

正電荷對原子核造成的影響和電子組態也有關係，所以每個族的元素在原子大小上會顯現出特定傾向，譬如第 1 族元素的原子相對較大。不過，第 1 族中的氫是例外，原子小到只有氦的 4 分之 1～5 分之 1 左右。這也是為什麼以氫氣填充的氣球容易消氣（氫氣容易外洩）。

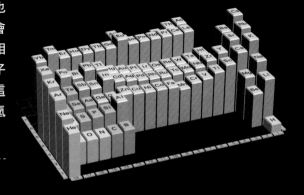

綜觀各元素的大小
上圖將各原子的半徑以長條圖來表示，所有元素的大小便可一目瞭然（參考資料：《化學便覽改訂 5 版》）。

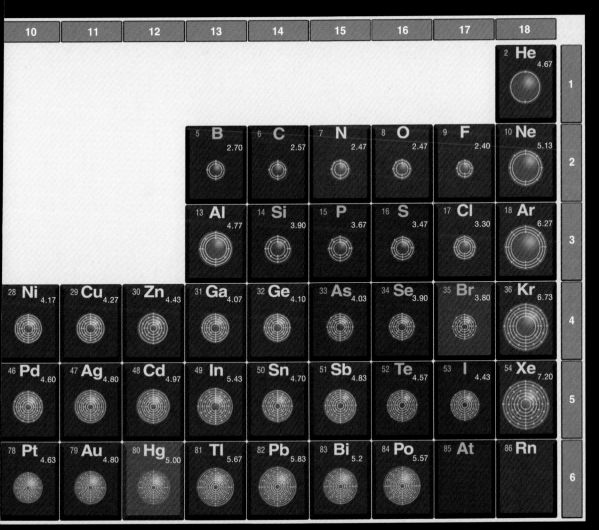

*原子大小是根據同一種原子彼此結合時，單一原子的半徑來表示（參考資料：《化學便覽改訂 5 版》）。

表示離子化難易度的兩個指標

原子由原子核（質子、中子）與電子組成。帶正電的質子與帶負電的電子數目相同，故原子整體呈現電中性。

當原子釋放帶負電的電子，就會轉變成帶正電的陽離子。不過，原子並不會無緣無故放出電子，因為質子與電子之間有靜電力在

游離能

原子放出 1 個電子時所需的能量。游離能越小的元素，越容易形成陽離子，例如：銫（Cs）與鍅（Fr）等。下圖中，元素符號下方寫有游離能的數值（單位為kJ/mol）。

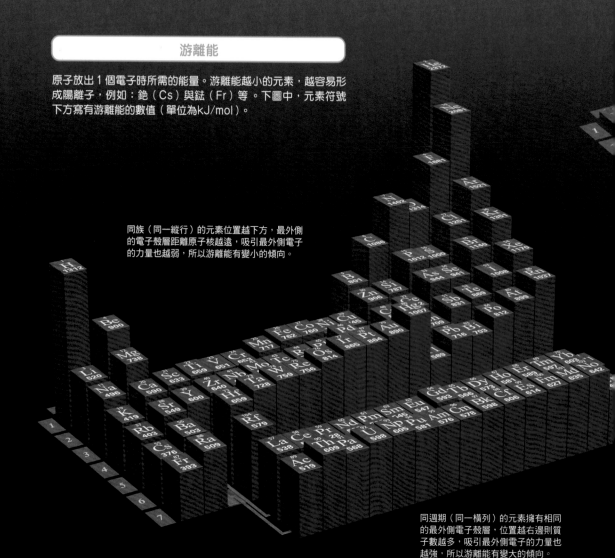

同族（同一縱行）的元素位置越下方，最外側的電子殼層距離原子核越遠，吸引最外側電子的力量也越弱，所以游離能有變小的傾向。

同週期（同一橫列）的元素擁有相同的最外側電子殼層，位置越右邊則質子數越多，吸引最外側電子的力量也越強，所以游離能有變大的傾向。

吸引彼此。原子需要能量才能放出電子。

原子放出 1 個電子所需的必要能量，稱為「游離能」（ionization energy）。游離能越小的元素，越容易轉變成陽離子。

那麼，什麼樣的元素容易轉變成陰離子呢？當原子獲得電子時，多數情況下會釋出能量，轉變成帶負電的陰離子。這是因為獲得的電子受到原子核吸引而變得更穩定，即處於能量較低的狀態。

原子獲得 1 個電子時釋出的能量，稱為「電子親和力」（electron affinity）。吸引電子的力量越強的元素，電子親和力就越大。也就是說，電子親和力越大的元素，越容易轉變成陰離子。

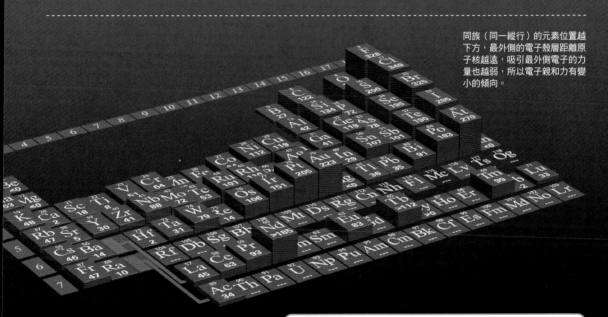

同族（同一縱行）的元素位置越下方，最外側的電子殼層距離原子核越遠，吸引最外側電子的力量也越弱，所以電子親和力有變小的傾向。

比較同週期（同一橫列）的元素，位置越右邊的元素其電子親和力有越大的傾向。不過，最右邊的第18族由於電子已填滿最外側軌域，所以電子親和力是負值。

電子親和力

原子獲得 1 個電子時釋放的能量。吸引電子的力量越強的元素，電子親和力也越大，容易形成陰離子，例如：氯（Cl）、氟（F）等。上圖中，元素符號下方寫有電子親和力的數值（單位為kJ/mol）。

專欄 COLUMN 為什麼電子親和力的數值比較小

電子親和力的數值比游離能小的原因在於，原子整體處於電中性。當原子（中性）放出 1 個電子，就會變成帶有 1 個正電荷的陽離子。游離能必須大到能抵消放出之電子與陽離子之間的吸引力，才能使兩者斷開。另一方面，電中性的原子獲得電子時，不會產生那麼大的吸引力或排斥力，所以電子親和力相對較小。

COLUMN

如夢幻泡影的元素 「nipponium」

是否曾經聽過「nipponium」這個元素呢？命名者是日本化學家小川正孝（1865～1930），晚年擔任日本東北大學（東北帝國大學）的第4任校長。

1904年小川正孝到倫敦大學留學，在拉姆齊（William Ramsay，1852～1916，以發現4種惰性氣體聞名的諾貝爾化學獎得主）底下求學。當時拉姆齊懷疑剛被發現的礦物「方釷石」（thorianite）內可能含有新元素，要小川正孝負責分析。不久他便檢測出從沒看過的光譜線，證明可能含有新的元素，回應了拉姆齊的期待。

小川正孝回到日本後繼續進行研究，發現「輝鉬礦」（molybdenite）這種礦物內也含有某種物質，與在方釷石中檢測到的光譜線相同。他認為這種未知物質是介於鉬（原子序42，Mo）和釕（原子序44，Ru）之間的新元素，屬於錳族（第7族）。1908年，小川正孝在英國的學術期刊《Chemical News》上發表研究結果，宣布自己分離出原子量約為100的43號元素，並以日本國名將其命名為「nipponium」（Np），是為亞洲的一大創舉。

化為泡影的 nipponium

然而，沒有人能夠重現該實驗結果，可信度越來越受質疑。1937年，距離研究結果發表已經過了29年，義大利物理學家瑟格瑞（Emilio Segrè，1905～1989）用粒子加速器發現原子序43的元素，並於1947年命名為「鎝」（Tc）。至此，nipponium化為泡影。

那麼，小川正孝的發現完全是白費工夫嗎？倒也不是。當時的日本不像其他國家的化學家

有X射線光譜儀可以分析原子光譜，導致他無法進行精確測量，因而低估了原子量。

據說在1930年春天，小川正孝曾委託從德國

帶回Ｘ射線光譜儀的木村健二郎（1896～1988）再一次分析nipponium，但他卻在同年7月猝死，於是nipponium的真相就這樣為世人所遺忘。

繼承夢想的鉨

2016年11月，日本人首次獲得元素的命名權，並將原子序113的元素命名為「鉨」（Nh）。小川正孝功虧一簣的發現新元素之夢，時隔108年終於實現。元素命名有個規則是「不能使用用過的名字」。原子序113的元素沒能命名為「nipponium」，是因為小川正孝已經有過相關發現。

近年來，科學界重新評價小川正孝的研究貢獻。英國皇家化學會的網站「週期表（錸）」中，就有介紹他的功績（https://www.rsc.org/periodic-table/）。

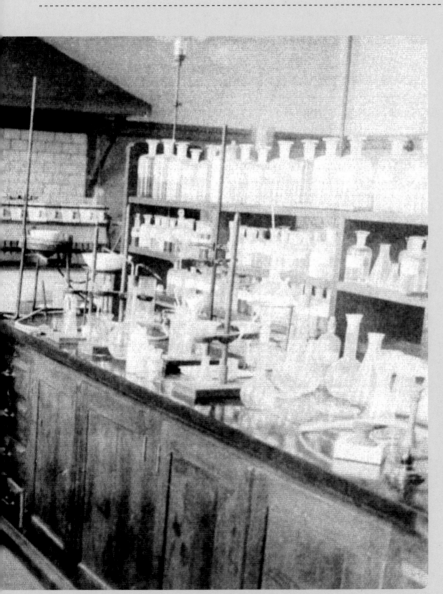

小川正孝

照片攝於1913年，在日本理科大學化學科教授研究室。據說小川正孝曾在這裡進行研究。日本東北大學的吉原賢二從1996年起花了約10年，整理小川正孝留下的研究資料，而後發現當年精製、分離的物質是週期表中位於錳下方的「錸」（原子序75，Re）。錸與錳同族，在化學性質上十分相似。錸是1925年時，由德國化學家諾達克（Walter Noddack，1893～1960）發現的元素，在1908年還是未知元素，所以說小川正孝發現了新元素倒也是事實。

只有中子數不同的「同位素」

以氖（Ne）為例，氖原子有10個質子、10個中子、10個電子。在考慮原子的質量 —— 原子量時，因為電子非常輕（僅有質子的1840分之1左右），故原子的質量幾乎都集中在原子核（質子與中子）。此外，質子與中子的質量幾乎相同，假設1個質子（中子）的質量為「1」，便可推知氖原子的質量為「20」。不過，實際從空氣中蒐集極其微量的氖並測定原子量後，呈現的數值卻沒有那麼剛好。週期表中氖的原子量為「20.18」，看起來一點都不乾淨俐落。

這種原子序相同（即質子數相同），中子數卻不同的元素，稱為「同位素」（Isotope）。所有元素都存在同位素。發現同位素的人是英國物理化學家索迪（Frederick Soddy，1877～1956）。索迪在大概1910年時注意到，某些原子的化學性質與典型的原子相同，卻會釋放出輻射。

氘
（deuterium，^{2}H）
原子核由1個質子與1個中子組成，原子核周圍有1個電子。氫有0.001～0.028%為氘。

氫
（^{1}H）
一般的氫。原子核只有1個質子，原子核周圍有1個電子。氫有99.972～99.999%為一般的氫。

◆ 專欄 COLUMN

影響原子量的同位素

若某元素存在穩定的同位素，在計算原子量時就得依照同位素的存在比例計算。一般來說，元素的原子量會因為在不同物質內的同位素豐度各有不同而有所變化。舉例來說，碳有個質量數為13（^{13}C）的同位素，占所有碳元素的0.96～1.16%。也因此，儘管碳的原子量很接近12，仍介於12.0096～12.0116之間。再者，即使元素沒有穩定的同位素，原子量也不會是整數。

氚

（tritium，^3H）

原子核由 1 個質子與 2 個中子組成，原子核周圍有 1 個電子。自然界中僅存在極微量的氚。

氫的同位素

氫有 3 種同位素：「氕」（^1H）、「氘」（^2H）、「氚」（^3H）。其中，氚是放射性同位素（會放出輻射的同位素）。同位素的化學性質幾乎相同。元素符號左上角的數字稱為質量數，是質子數與中子數的總和，大致等於該原子的重量。

	1	2	3	4	5	6	7	8	9	10	11	12	13	14	15	16	17	18
1	1 H																	2 He
2	3 Li	4 Be											5 B	6 C	7 N	8 O	9 F	10 Ne
3	11 Na	12 Mg											13 Al	14 Si	15 P	16 S	17 Cl	18 Ar
4	19 K	20 Ca	21 Sc	22 Ti	23 V	24 Cr	25 Mn	26 Fe	27 Co	28 Ni	29 Cu	30 Zn	31 Ga	32 Ge	33 As	34 Se	35 Br	36 Kr
5	37 Rb	38 Sr	39 Y	40 Zr	41 Nb	42 Mo	43 Tc	44 Ru	45 Rh	46 Pd	47 Ag	48 Cd	49 In	50 Sn	51 Sb	52 Te	53 I	54 Xe
6	55 Cs	56 Ba		72 Hf	73 Ta	74 W	75 Re	76 Os	77 Ir	78 Pt	79 Au	80 Hg	81 Tl	82 Pb	83 Bi	84 Po	85 At	86 Rn
7	87 Fr	88 Ra		104 Rf	105 Db	106 Sg	107 Bh	108 Hs	109 Mt	110 Ds	111 Rg	112 Cn	113 Nh	114 Fl	115 Mc	116 Lv	117 Ts	118 Og

57 La	58 Ce	59 Pr	60 Nd	61 Pm	62 Sm	63 Eu	64 Gd	65 Tb	66 Dy	67 Ho	68 Er	69 Tm	70 Yb	71 Lu
89 Ac	90 Th	91 Pa	92 U	93 Np	94 Pu	95 Am	96 Cm	97 Bk	98 Cf	99 Es	100 Fm	101 Md	102 No	103 Lr

■ 無穩定同位素的元素
□ 人造元素
■ 金屬元素
■ 非金屬元素

無穩定同位素的元素

某些元素沒有穩定的同位素，譬如鎝（Tc）與鈾（U）等。這些元素的同位素皆為放射性同位素。另外，人造元素都沒有穩定的同位素。

「放射性同位素」衰變時會放出輻射

「放射性同位素」（radioisotope）是能夠放出輻射（又稱為放射線），也就是高能量粒子或光（電磁波）的同位素。放射性同位素釋放的輻射包含 α 射線、β 射線、γ 射線、中子射線等種類。另外，放射性同位素變化時原子也可能會放出 X 射線。

輻射會使細胞 DNA 受損或斷裂。DNA 的受損或斷裂，可能會造成細胞癌化或死亡。不過，我們在日常生活中從自然環境接收到的輻射量微乎其微，所以一般情況下並不會影響到健康。

放射性同位素的原子核並不穩定，經過一段時間就會衰變成其他種類的原子核，並放出輻射這個副產品。釋放出輻射可以讓原子核變得比較穩定。

放射性同位素的原子核不穩定的原因大致上分成三種：①中子數或質子數過多，②中子數與質子數皆過多，③原子核處於高能量狀態。

質子　　　　中子

氚（³H）的原子核
（1個質子，2個中子）

β衰變
（負β衰變）

電子
（β射線）

氦3（³He）的原子核
（2個質子，1個中子）

A. 負β衰變（上圖）
氚（³H）的原子核由1個質子與2個中子組成。由於中子數過多，所以1個中子會轉變成1個質子，並放出1個電子 —— 也就是β射線。結果，氚變成了「氦3」（³He）。質子數增加使得原子序多1，質量數（質子與中子相加總和）則保持不變。

β衰變
（正β衰變）

鈉22（²²Na）的原子核
（11個質子，11個中子）

① 中子數（或質子數）過多

中子數過多時，原子核中的 1 個中子會轉變成 1 個質子（**A**）。質子數過多時，1 個質子會轉變成 1 個中子（**B**）。A 與 B 的變化都稱為「β 衰變」（beta decay）。另外，質子數過多的放射性同位素中，有時 1 個質子會捕獲原子核周圍的 1 個電子，轉變成 1 個中子（**C**）。關於②與③在次頁將進一步說明。

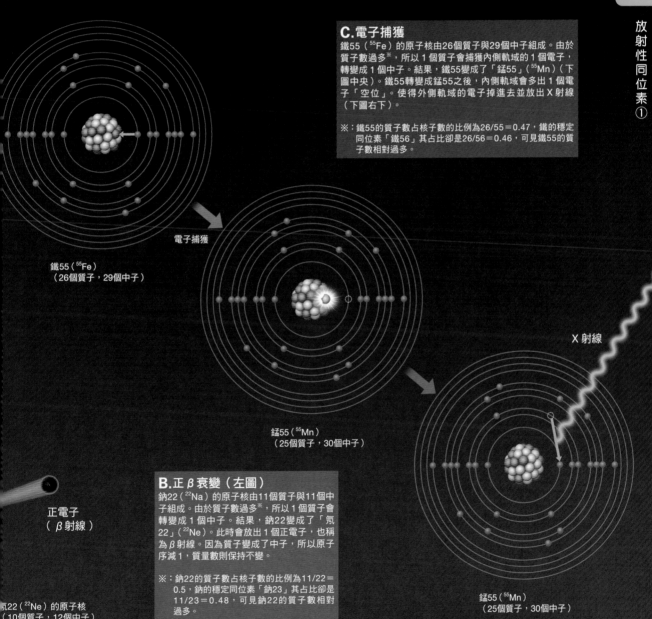

C. 電子捕獲

鐵55（^{55}Fe）的原子核由26個質子與29個中子組成。由於質子數過多※，所以 1 個質子會捕獲內側軌域的 1 個電子，轉變成 1 個中子。結果，鐵55變成了「錳55」（^{55}Mn）（下圖中央）。鐵55轉變成錳55之後，內側軌域會多出 1 個電子「空位」。使得外側軌域的電子掉進去並放出 X 射線（下圖右下）。

※：鐵55的質子數占核子數的比例為26/55＝0.47，鐵的穩定同位素「鐵56」其占比卻是26/56＝0.46，可見鐵55的質子數相對過多。

電子捕獲

鐵55（^{55}Fe）
（26個質子，29個中子）

X 射線

錳55（^{55}Mn）
（25個質子，30個中子）

B. 正 β 衰變（左圖）

鈉22（^{22}Na）的原子核由11個質子與11個中子組成。由於質子數過多※，所以 1 個質子會轉變成 1 個中子。結果，鈉22變成了「氖22」（^{22}Ne）。此時會放出 1 個正電子，也稱為 β 射線。因為質子變成了中子，所以原子序減 1，質量數則保持不變。

※：鈉22的質子數占核子數的比例為11/22＝0.5，鈉的穩定同位素「鈉23」其占比卻是11/23＝0.48，可見鈉22的質子數相對過多。

正電子
（β 射線）

錳55（^{55}Mn）
（25個質子，30個中子）

氖22（^{22}Ne）的原子核
（10個質子，12個中子）

放
射
性
同
位
素
②

放射性同位素的
原子核不穩定的原因

接著來看看「②中子數與質子數皆過多」的放射性同位素。這種同位素不僅中子會轉變成質子（或者質子轉變成中子），有時原子核還會放出由2個質子與2個中子組成的粒子（氦原子核）。這種變化稱為「α衰變」（alpha decay）。釋放出氦原子核後，放射性同位素會轉變成其他元素的原子。

像②這樣的放射性同位素中，有些同位素的原子核可能還會自行分裂（自發核分裂，spontaneous fission）。原子核一旦分裂，放射性同位素就會變成兩種不同元素的原子，同時從原子核中放出多餘的中子。另外，自然界中不存在會自發核分裂的放射性同位素。

即使原子核的中子數與質子數為穩定組合，原子核也未必穩定，也就是「③原子核處於高能量狀態」的情況。當③的放射性同位素原子核轉變成低能量狀態時，原子核就會放出γ射線。這種變化稱之為「γ衰變」（gamma decay）。

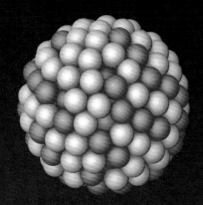

鋂241（^{241}Am）的原子核
（95個質子，146個中子）

α衰變

② 中子數與質子數皆過多

當中子數與質子數皆過多時，不僅中子會轉變成質子（或質子轉變成中子），有時原子核還會放出1個氦原子核（**A**）。另外，原子核也有可能自發性分裂（**B**）。

A.

α衰變
鋂241（^{241}Am）的原子核由95個質子與146個中子組成。中子與質子皆過多，故原子核會放出1個氦原子核。這個氦原子核的「粒子束」稱為α射線。結果，鋂241變成了「錼237」（^{237}Np）。由於丟出2個質子與2個中子，所以原子序會減2，質量數會減4。

氦原子核
（α射線）

錼237（^{237}Np）的原子核
（93個質子，144個中子）

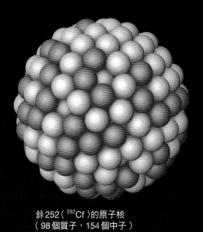

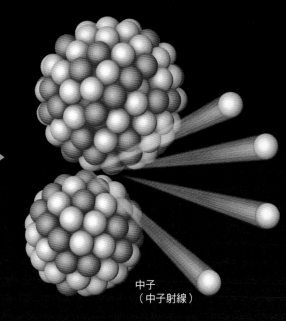

自發核分裂

鉲252（^{252}Cf）的原子核
（98個質子，154個中子）

中子
（中子射線）

B.

自發核分裂（上圖）

鉲252（^{252}Cf）的原子核由98個質子與154個中子
組成。中子與質子皆過多，故原子核會自行分裂。
原子核分裂時，會放出多出來的2～4個中子。這
些中子的「粒子束」稱為中子射線。

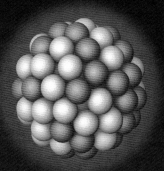

γ 衰變

γ 射線

鎝99m（^{99m}Tc）的原子核
（43個質子，56個中子）

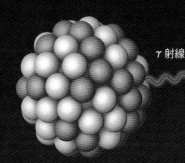

鎝99（^{99}Tc）的原子核
（43個質子，56個中子）

③ 原子核處於高能量狀態

即使原子核的中子數與質子數為穩定組合（魔數，參見
第40頁），當原子核處於高能量狀態時，就可能變得不
穩定（**C**）。

C.

γ 衰變

鎝99m（^{99m}Tc）是原子核處於高能量狀態的放射性
同位素。轉變成低能量狀態時，原子核會放出γ射
線。此外，鎝99m的「m」指的是原子核處於準穩
態（metastable state）。

研究「半衰期」可以了解物質的歷史

放射性同位素發生衰變,其個數減半所需的時間稱為「半衰期」。半衰期的時間長短取決於放射性同位素的種類。因此,可利用放射性同位素在物質內的含量,來判斷過去的事件發生在何時。

譬如挖掘出生物遺骸時,可藉由調查遺骸內的碳14(^{14}C)殘留占比是多少,推算出該生物大概於何時死亡。碳14是由6個質子與8個中子組成的放射性同位素,當原子核的中子轉變成質子,碳14就會轉變成常見的氮14(^{14}N,參見下圖)。

碳14的半衰期約為5730年。舉例來說,碳14占大氣中碳元素的比例為1000億分之12%,如果生物遺骸所含的碳14占碳元素的比例為其一半(1000億分之6%),就表示該生物於5730年前死亡。

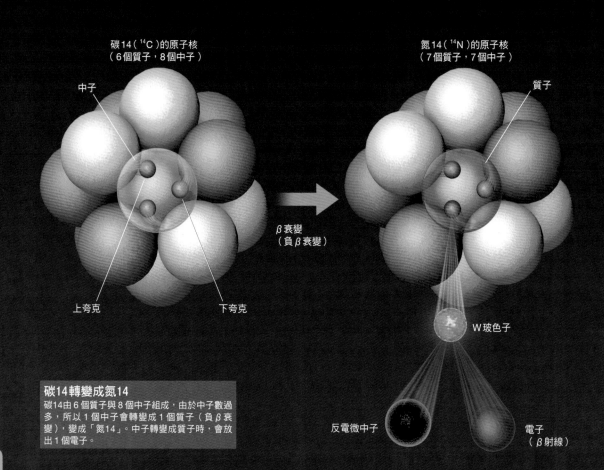

碳14(^{14}C)的原子核
(6個質子,8個中子)

氮14(^{14}N)的原子核
(7個質子,7個中子)

中子

質子

上夸克　　　　　　下夸克

β衰變
(負β衰變)

W玻色子

反電微中子

電子
(β射線)

碳14轉變成氮14
碳14由6個質子與8個中子組成,由於中子數過多,所以1個中子會轉變成1個質子(負β衰變),變成「氮14」。中子轉變成質子時,會放出1個電子。

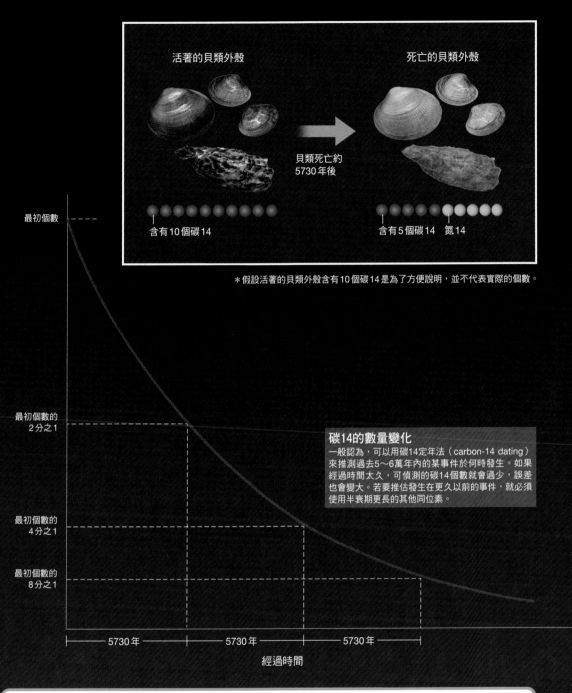

活著的貝類外殼

死亡的貝類外殼

貝類死亡約
5730 年後

含有 10 個碳 14

含有 5 個碳 14 　氮 14

＊假設活著的貝類外殼含有 10 個碳 14 是為了方便說明，並不代表實際的個數。

最初個數

最初個數的
2 分之 1

碳14的數量變化
一般認為，可以用碳14定年法（carbon-14 dating）
來推測過去5～6萬年內的某事件於何時發生。如果
經過時間太久，可偵測的碳14個數就會過少，誤差
也會變大。若要推估發生在更久以前的事件，就必須
使用半衰期更長的其他同位素。

最初個數的
4 分之 1

最初個數的
8 分之 1

5730 年　　　　　5730 年　　　　　5730 年

經過時間

碳14定年法

與一般的碳一樣，大氣中的碳14也會因為光合作用被植物吸收。動物吃下植物，其他動物再吃下這些動物，就會使碳14轉移到動物體內。因此，活著的生物體內其碳14占碳元素的比例，與碳14占大氣中碳元素的比例相同。生物一旦死亡就不會再補充碳元素，所以遺骸內的碳14比例會逐漸減少，由此便可了解該生物生存的年代。

利用原子核分裂的「核能發電」

核能發電是使用主要成分為鈾的核燃料進行發電。核燃料中所含的鈾幾乎都是鈾238（^{238}U），不過亦含有約 3～5％的鈾235（^{235}U）。

鈾235吸收中子後，會分裂成兩個不同的原子（核分裂）。分裂的方式有很多種，會產生銫137（^{137}Cs）、銣95（^{95}Rb）等多種原子。另一方面，鈾238會吸收鈾235分裂時釋出的中子，變成鈾239（^{239}U），但不會進一步分裂。鈾239隨後會衰變成錼239（^{239}Np），錼239再衰變成鈽239（^{239}Pu）。

核燃料要用到鈾235減至 1％左右才會取出，成為「用過核燃料」（spent nuclear fuel）。用過核燃料經化學處理後，會變成高放射性廢棄物[※]。高放射性廢棄物含有化學處理過程中無法完全回收的鈾、鈽，以及核能發電時生成的各種放射性同位素。

鈽239的半衰期約為 2 萬4000年，銫137的半衰期約為30年。所以說，要讓高放射性廢棄物的輻射量衰減到安全範圍，至少需要10萬年以上的時間。

※編註：日本將用過核燃料再處理，取出可用資源。而美國、瑞典、芬蘭等國的政策是直接地質處置。

> **核能發電生成的放射性同位素→（鈾235）**
>
> 鈾235吸收 1 個中子後，會分裂成兩個原子，並放出平均 2～3 個中子（同時釋放出極大的能量）。分裂後可能會變成銫137、銣95（圖上方），或是碘131、釔103（圖下方）。

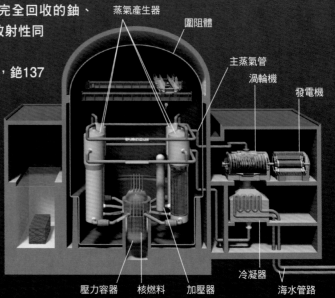

蒸氣產生器
圍阻體
主蒸氣管
渦輪機
發電機
壓力容器　核燃料　加壓器
冷凝器
海水管路

核能發電原理（壓水式反應器）

壓水式反應器中，核燃料產生的能量會將「壓力容器」內的水加熱到約320℃。「加壓器」可將壓力容器內的水加壓到約160大氣壓，使其不會沸騰。加熱後的水會送到「蒸氣產生器」，使流出管路的水沸騰，產生水蒸氣。水蒸氣透過「主蒸氣管」移動到渦輪機，渦輪機旋轉帶動發電機產生電力。使渦輪機旋轉的水蒸氣會再進入「冷凝器」，經由「海水管路」流入冷凝器的海水冷卻後可使其變回水，升溫的海水再由「海水管路」流回大海。

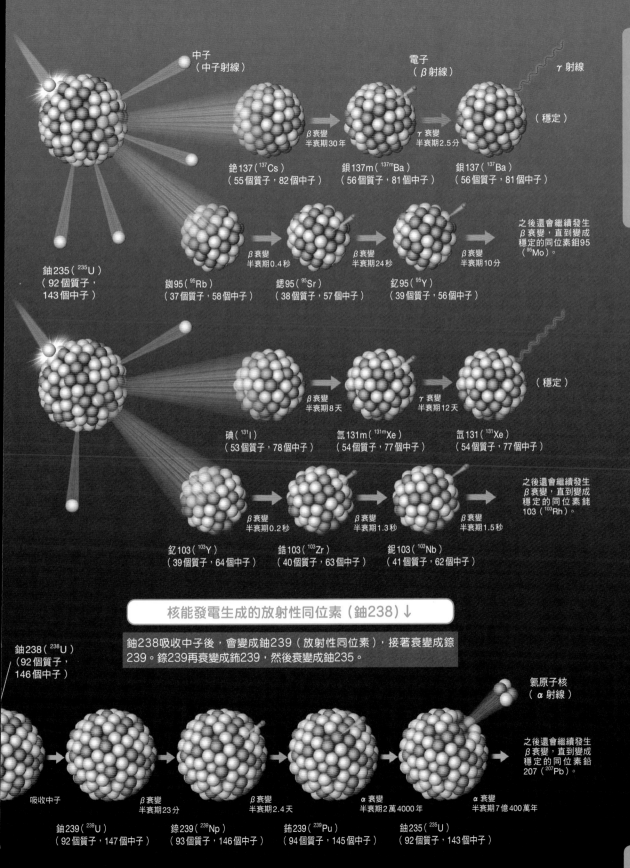

中子
（中子射線）

電子
（β射線）

γ射線

（穩定）

β衰變
半衰期30年

γ衰變
半衰期2.5分

銫137（^{137}Cs）
（55個質子，82個中子）

鋇137m（^{137m}Ba）
（56個質子，81個中子）

鋇137（^{137}Ba）
（56個質子，81個中子）

鈾235（^{235}U）
（92個質子，
143個中子）

β衰變
半衰期0.4秒

β衰變
半衰期24秒

β衰變
半衰期10分

之後還會繼續發生
β衰變，直到變成
穩定的同位素鉬95
（^{95}Mo）。

銣95（^{95}Rb）
（37個質子，58個中子）

鍶95（^{95}Sr）
（38個質子，57個中子）

釔95（^{95}Y）
（39個質子，56個中子）

β衰變
半衰期8天

γ衰變
半衰期12天

（穩定）

碘（^{131}I）
（53個質子，78個中子）

氙131m（^{131m}Xe）
（54個質子，77個中子）

氙131（^{131}Xe）
（54個質子，77個中子）

β衰變
半衰期0.2秒

β衰變
半衰期1.3秒

β衰變
半衰期1.5秒

之後還會繼續發生
β衰變，直到變成
穩定的同位素銠
103（^{103}Rh）。

釔103（^{103}Y）
（39個質子，64個中子）

鋯103（^{103}Zr）
（40個質子，63個中子）

鈮103（^{103}Nb）
（41個質子，62個中子）

核能發電生成的放射性同位素（鈾238）↓

鈾238吸收中子後，會變成鈾239（放射性同位素），接著衰變成錼
239。錼239再衰變成鈽239，然後衰變成鈾235。

鈾238（^{238}U）
（92個質子，
146個中子）

氦原子核
（α射線）

之後還會繼續發生
β衰變，直到變成
穩定的同位素鉛
207（^{207}Pb）。

吸收中子

β衰變
半衰期23分

β衰變
半衰期2.4天

α衰變
半衰期2萬4000年

α衰變
半衰期7億400萬年

鈾239（^{239}U）
（92個質子，147個中子）

錼239（^{239}Np）
（93個質子，146個中子）

鈽239（^{239}Pu）
（94個質子，145個中子）

鈾235（^{235}U）
（92個質子，143個中子）

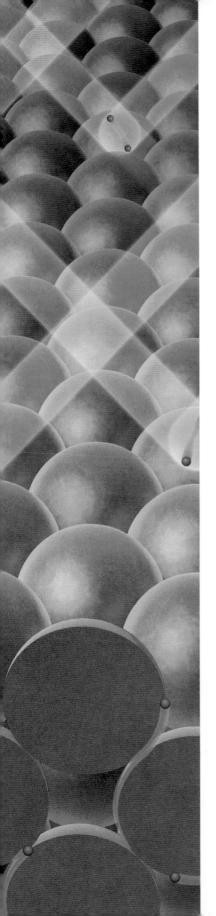

3

元素的性質

Properties of elements

週期表中最多的「金屬元素」

學 校常用的週期表所列出的118種元素中，有96種元素屬於「金屬」，占所有元素的5分之4。金屬可以延展成薄而細長的形狀，導電、導熱度良好，還擁有特殊光澤。

固態金屬是由無數個原子依特定規則排列而成，是為「晶體」（crystal）結構。金屬晶體結構（原子排列方式）主要有3種：面心立方晶格、體心立方晶格、六方密積晶格。譬如金（Au）的晶體結構就是面心立方晶格。

金屬晶體中的各個原子之間，只有位於最外側的電子殼層會彼此重疊、相連。「自由電子」（free electron）可透過這些電子殼層在原子間自由移動。金屬是許多帶正電的原子核共同擁有許多帶負電的電子，由所有原子緊密結合而成（金屬鍵）的集團。

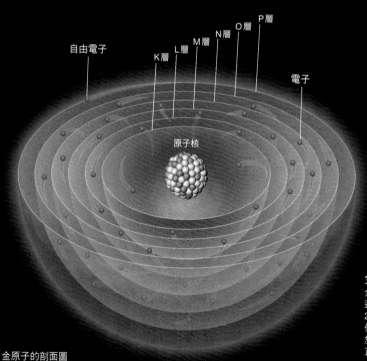

自由電子　K層　L層　M層　N層　O層　P層　電子

原子核

金原子的剖面圖

金原子的剖面圖
金原子擁有K層、L層、M層、N層、O層、P層這些電子殼層。各層可填入的電子數分別為K層2個、L層8個、M層18個、N層32個、O層18個、P層1個。在晶體結構中，金原子會放出位於P層的1個自由電子。釋放電子的原子帶正電。

* 為了方便讀者理解，說明經過簡化。

金原子
（8分之1個金原子）

金原子
（2分之1個金原子）

自由電子

金的晶體（單位晶格）

金的晶體結構為面心立方晶格。晶體內的自由電子可在相連的電子殼層間自由移動，將快要分離的原子連接起來。一個金的單位晶格（晶體的最小單位）內，有8個8分之1的金原子以及6個2分之1的金原子，共計4個原子。

容易延展的金屬
與難以延展的金屬

金屬可以變形成薄片或細線。譬如 1 公克的金，可以輾平成直徑約80公分（厚約0.0001毫米）的圓形金箔，或者拉長成3200公尺（直徑約0.0045毫米）的金線。這種能輾薄的性質稱為「展性」（malleability），能拉得又細又長的性質稱為「延性」（ductility），合稱為延展性。

　　金屬不容易因外力而碎裂。這是因為金屬原子間的相對位置改變時，自由電子可以馬上移動到適當位置與原子產生新的鍵結。

　　金屬中又以金的延展性特別強，是因為金的結構為面心立方晶格。當金受外力作用時，金屬內的原子會沿著「滑移面」滑動，朝著「滑移方向」滑移。面心立方晶格有許多滑移面與滑移方向，所以不容易碎裂，具有很好的延展性。除了金之外，銀（Ag）、銅（Cu）、鋁（Al）等金屬也具有面心立方晶格結構。

1. 滑移前的金晶體

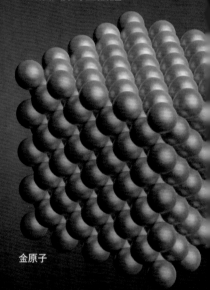

金原子

金晶體的滑移
金受到外力作用也不容易裂開，與其晶體結構有關：當金原子間的位置關係稍有改變，自由電子就會馬上移動到適當位置，與原子產生新的鍵結（右圖）。

延展性極佳的「金」

金屬當中，具有面心立方晶格的金與銀延展性最好。面心立方晶格中，含有許多晶體的「滑移面」與「滑移方向」（右圖）。延展性次佳的金屬為體心立方晶格的鐵（Fe）、鈉（Na）、鎢（W）等。而六方密積晶格的鈦（Ti）、鎂（Mg）、鋅（Zn）等金屬，延展性最差。

A. 滑移面a

**面心立方晶格的
代表性滑移面**
面心立方晶格中，代表性的滑移面（黃色三角形的面：**A～D**）有 4種。此外，每個滑移面都有 6 個滑移方向，共計有24個方向（①～㉔）。

2. 滑移後的金晶體

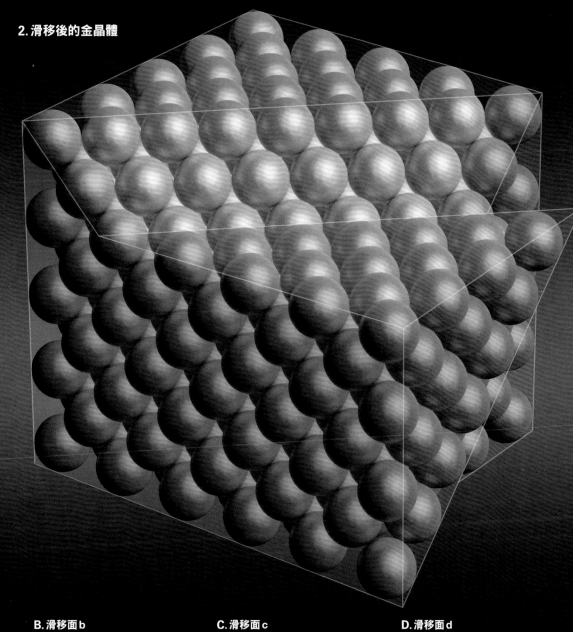

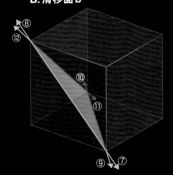

B. 滑移面 b

C. 滑移面 c

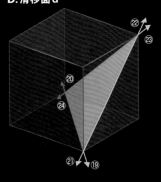

D. 滑移面 d

金屬閃閃發亮
源於自由電子的作用

金 屬其中一個性質是具有獨特的光輝（金屬光澤）。金屬光澤源於自由電子。可見光（人類肉眼可見波長的光）照射到金屬時，金屬表面的自由電子會依可見光的頻率振動※，抵消入射的可見光。同時，自由電子還會放出與自身振動頻率相同的可見光，從金屬的表面射出（反射）。這些可見光就是我們所見的金屬光澤由來。

不過，自由電子的運動速度有其限制，無法抵消或反射頻率過高的光（X射線、γ射線等）。於是照射到金屬的X射線或γ射線就會一直射入金屬內部，由原子內側電子殼層的電子吸收。

金屬的光澤各有不同，譬如銀（Ag）是亮白色光澤，銅（Cu）則是偏紅的光澤。這是因為自由電子的最大運動速度會因金屬而異，而且內側電子可吸收的可見光種類也不一樣。

※：光（電磁波）分成可見光、紅外線、紫外線、X射線、γ射線等。光是帶電粒子振動時產生的波。帶負電的自由電子受光時會開始振動，其振動頻率（1秒內的振動次數）與光相同。

金原子

金呈現的光澤

可見光照射到金的表面時，自由電子會依照與可見光相同的頻率振動。自由電子抵消大部分可見光的同時，會產生相同頻率的可見光，自金屬表面放出。金的自由電子無法抵消或反射藍色與綠色的可見光，所以這些光會進入金原子內側的電子殼層，由該處的電子吸收（反射黃色與紅色的光），這就是金在我們眼中呈現「金色」的原因。

＊圖將金原子畫成有金屬光澤的樣子，但事實上金屬光澤源於自由電子的作用（原子本來就沒有顏色）。

白色可見光

金的光澤

振動的
自由電子

藍色或綠色
的可見光

金屬的反射率

右圖為金、銀、銅、鋁對各種波長的
光時的反射率。波長的單位是奈米
（1奈米等於100萬分之1毫米）。人
眼可見的可見光波長約為400～800
奈米。銀幾乎可以100%反射所有可
見光，所以呈現白色光澤。另一方
面，銅與金對短波長（頻率高）可見
光的反射率較低，所以光澤偏向黃色
或紅色。鋁在紫外線區段的反射率偏
高，是因為每單位體積的自由電子密
度較高、最大速度較快。

紫外線　　可見光　　紅外線

（％）
100

鋁（Al）

銅（Cu）

反　50
射
率

金（Au）

銀（Ag）

0
100　　　　　400　　800 1000　　　（nm）
波長

導電與導熱

金屬導電與導熱的效率很好

以導線連接電池與金屬形成迴路時，就會產生電流。因為對金屬施加電壓時，內部的自由電子會從負極流向正極，產生電流。

自由電子與熱的傳導也有密切關聯。在原子等級的微觀世界下，熱可視為「粒子運動

金的自由電子可導電

下圖為通電迴路上金板的局部放大示意圖。自由電子從負極往正極流動，即由左往右移動。此時，可想像電流是從正極往負極流動。這是因為歷史上先定義了電流的方向，後來才知道電子是從負極流向正極。

金板

由左往右移動的
自由電子

金原子

的激烈程度」。若對金屬加熱，吸收熱能的自由電子與金屬原子就會開始劇烈運動與振動。自由電子的運動與金屬原子的振動會陸續傳遞給周圍的電子與原子，這就是為什麼金屬可以有效率地將熱從加熱處傳導到未受熱處。

導電導熱效率良好的金屬中，以銀（Ag）、銅（Cu）、金（Au）、鋁（Al）等尤為人知。銀的自由電子密度高，所以導電、導熱的效率特別優良。

另外，金屬以外的固態物質不含自由電子，所以只能透過原子振動來傳遞熱，導致其導熱效率遠低於金屬。不過，原子間連結力很強的鑽石等物質，其導熱效率則會比金屬更好。

金棒

金的自由電子可導熱

加熱處的自由電子吸收熱能在劇烈運動（原子也在劇烈振動）。如圖所示，這些自由電子的運動與金原子的振動由左往右傳遞（從加熱處傳遞到未受熱處），並逐漸擴散出去。

劇烈振動的金原子　劇烈運動的自由電子　　　　　緩慢運動的自由電子　緩慢振動的金原子

熔點的高低取決於原子之間的鍵結力

金屬在常溫（25℃）下通常是固態，只有汞（Hg）是液態。物質從固態轉為液態的溫度稱為「熔點」（melting point），

熔點高低取決於原子之間的鍵結力強度。倘若鍵結力較弱，即使溫度低，原子間的鍵結也容易斷開（熔點低）進而變成液體。相對

金屬元素的熔點

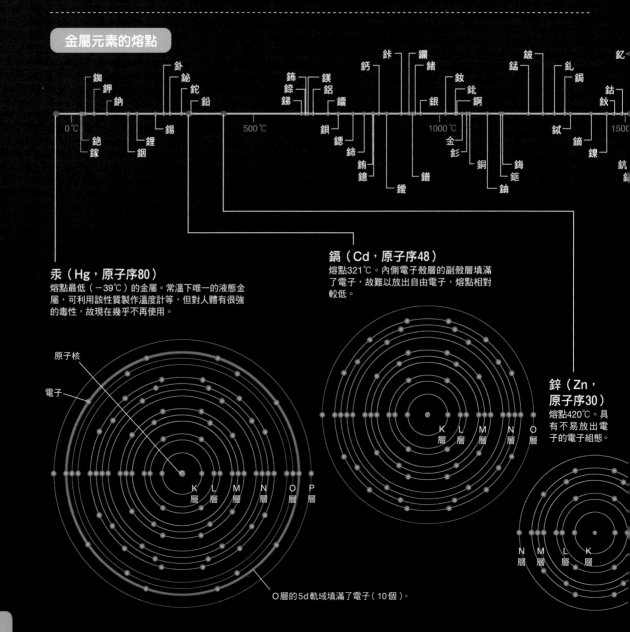

銣 鉀 鈉 釙 鉍 鉈 鉛 鈰 鐯 銻 鎂 鋁 鐳 鈣 鈥 鑭 鍺 釹 釩 銅 銀 錳 鈹 釓 鎘 釔 鈷 鈦 鈰 鉟 鋰 銦 鋅 鍶 鈈 鋮 鏑 鎳 鈮 鉭 鈾 錯 鉬 鈀 釷 鏡

0℃ 500℃ 1000℃ 1500℃

汞（Hg，原子序80）
熔點最低（－39℃）的金屬。常溫下唯一的液態金屬，可利用該性質製作溫度計等，但對人體有很強的毒性，故現在幾乎不再使用。

鎘（Cd，原子序48）
熔點321℃。內側電子殼層的副殼層填滿了電子，故難以放出自由電子，熔點相對較低。

鋅（Zn，原子序30）
熔點420℃。具有不易放出電子的電子組態。

原子核

電子

K層 L層 M層 N層 O層 P層

K層 L層 M層 N層 O層

N層 M層 L層 K層

O層的5d軌域填滿了電子（10個）。

地，鍵結力強時，固態物質就不容易熔化（熔點高）。

熔點最高的金屬是鎢（W），高達3410℃。觀察鎢的電子組態可知，從最外殼層往內一層的副殼層（O層的5d軌域）只有4個電子，有6個電子的「空位」。這會形成較多的自由電子，增強原子間的連結（形成較強的金屬鍵），所以熔點會比較高。

另一方面，熔點最低的金屬是汞，只有－39℃。汞的O層5d軌域中有10個電子，完全沒有「空位」，處於穩定狀態。這導致自由電子很少（難以釋出電子），所以熔點會比較低。

＊以下僅列出76種已知熔點的金屬元素。

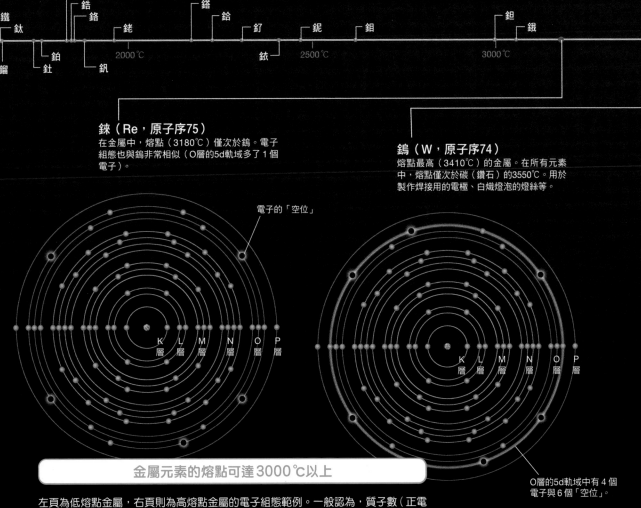

鋱（Re，原子序75）
在金屬中，熔點（3180℃）僅次於鎢。電子組態也與鎢非常相似（O層的5d軌域多了1個電子）。

鎢（W，原子序74）
熔點最高（3410℃）的金屬。在所有元素中，熔點僅次於碳（鑽石）的3550℃。用於製作焊接用的電極、白熾燈泡的燈絲等。

電子的「空位」

K L M N O P
層層層層層層

K L M N O P
層層層層層層

金屬元素的熔點可達3000℃以上

O層的5d軌域中有4個電子與6個「空位」。

左頁為低熔點金屬，右頁則為高熔點金屬的電子組態範例。一般認為，質子數（正電荷強度）等也會影響金屬的熔點。

為什麼鐵容易受磁鐵吸引

當鐵（Fe）靠近磁鐵時會被吸住，這和鐵原子的某種性質有關。每個鐵原子都可視為擁有N極與S極的小小磁鐵（原子磁鐵）。鐵塊（強磁性元素）中分成許多小區域，稱為「磁域」（magnetic domain）。通常，磁域內所有原子磁鐵的N、S極方向一致；相鄰磁域的N、S極方向則相反，且磁力互相抵消，所以整個鐵塊不會帶有磁性。不

受磁鐵吸引的鐵

每個鐵原子都是很小的磁鐵。通常，只有在同一磁域內鐵原子的N、S極方向一致（**A**）。不同磁域的磁性會互相抵消，所以整個鐵塊不帶磁性。不過，當有磁鐵靠近時，鐵原子的N、S極方向就會趨於一致，使整個鐵塊變成帶有磁性的磁鐵（**B**）。

A. 平常的鐵
每個磁域內鐵原子的N、S極方向一致
（實際的磁域由更多鐵原子構成）。

B. 當磁鐵靠近鐵時
鐵原子的S極會受到磁鐵的N極吸引，使得鐵原子的N極與S極方向趨於一致。此時，整塊鐵會帶有磁性，變成磁鐵。轉變成磁鐵的鐵塊會與磁鐵相吸（↘）。

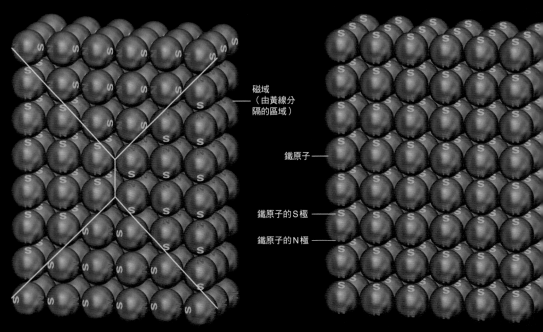

磁域
——（由黃線分隔的區域）

鐵原子 ——

鐵原子的S極 ——

鐵原子的N極 ——

過，當有磁鐵靠近鐵塊時，鐵塊內的磁域邊界（磁壁）便會移動，使某特定磁域越來越大。於是N、S極朝特定方向的原子磁鐵占比逐漸增加，最後使整塊鐵變成磁鐵。

鐵原子中，N極朝上[※]的電子數與S極朝上的電子數不同，兩者的差異使鐵原子帶有磁性，轉變成磁鐵。相對於此，若以銅（Cu）

原子為例，N極朝上的電子數與S極朝上的電子數相同，所以整個原子不帶磁性（不會被磁鐵吸引）。

※：為方便說明，這裡用上、下方向來描述，實際上不一定是朝上或下（也不一定是朝左或右）。

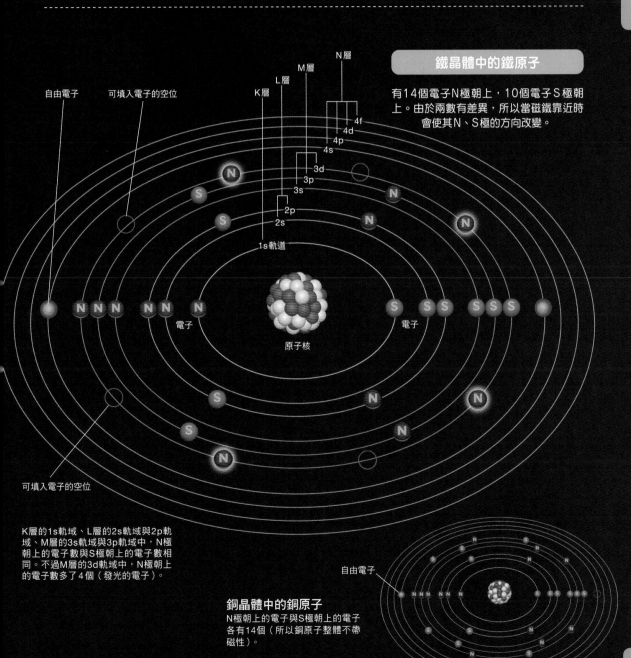

鐵晶體中的鐵原子

有14個電子N極朝上，10個電子S極朝上。由於兩數有差異，所以當磁鐵靠近時會使其N、S極的方向改變。

自由電子

可填入電子的空位

K層 L層 M層 N層

4f 4d 4p 4s 3d 3p 3s 2p 2s 1s軌道

N S S N N N

N N N N N N

電子 原子核 電子

S S S S S S

S N N

可填入電子的空位

K層的1s軌域、L層的2s軌域與2p軌域、M層的3s軌域與3p軌域中，N極朝上的電子數與S極朝上的電子數相同。不過M層的3d軌域中，N極朝上的電子數多了4個（發光的電子）。

自由電子

銅晶體中的銅原子
N極朝上的電子與S極朝上的電子各有14個（所以銅原子整體不帶磁性）。

史上最強的永久磁鐵「釹磁鐵」

洗衣機、冰箱、油電混合車等機械的馬達以及電腦硬碟等產品中，都會用到「釹磁鐵」（neodymium magnet）。釹磁鐵是以原子序60的釹（Nd）製成的磁鐵，磁力非常強，夾到手指的話可能會骨折。自1982年住友特殊金屬（當時的公司名稱）的佐川真人開發成功以來，釹磁鐵一直是磁力最強的永久磁鐵。

磁鐵（永久磁鐵）是由數種能變成磁鐵的「強磁性（ferromagnetism）元素」混合製成。在118種元素中，可作為磁鐵原料（本身）的強磁性元素只有鐵（Fe）、鈷（Co）、鎳（Ni）而已。除此之外，釓（Gd）也屬於強磁性元素，但存量極少、磁力也弱，要作為磁鐵原料運用實屬困難。

由單一強磁性元素構成的單質物質無法形成永久磁鐵，必須與某些「雜質」混合才行。雜質元素的種類會大幅影響磁鐵的性能。一般而言，釹磁鐵在質量上約含有6～7成的鐵、3成左右的釹，並混有1％左右的硼（B）。

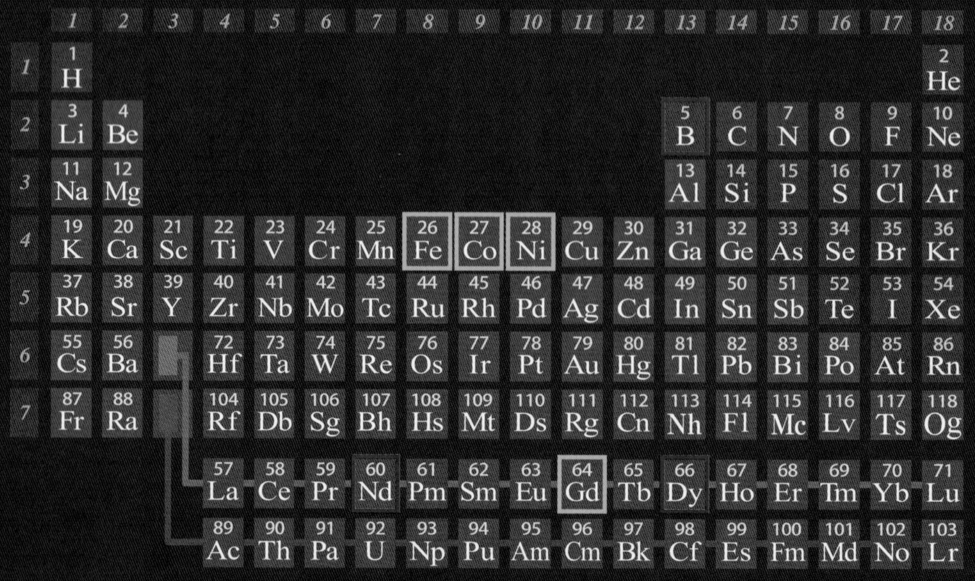

強磁性元素

能成為磁鐵的強磁性元素在圖中以藍色外框標示；可作為釹磁鐵材料的元素（鐵以外）則以紅色外框標示。之所以在強磁性元素中混入其他元素，是為了提升磁鐵的保磁力及磁力（調整原子間的距離，維持磁力容易發揮的狀態）。釹與鏑的主要功能是前者，硼的主要功能則是後者。另外，目前也有團隊在研究製造釹磁鐵時不使用鏑的方法。

釹磁鐵

釹磁鐵的磁力作用機制示意圖（下圖左）。加入釹原子後，即使周圍有磁場，鐵原子構成的原子磁鐵的N、S極方向也不太會改變（保磁力高）。右圖為混有鏑（Dy）的釹磁鐵示意圖。加入鏑之後，可以提高耐熱性（不光是釹磁鐵，一般而言磁鐵都不耐熱），卻會導致常溫下的磁力降低。

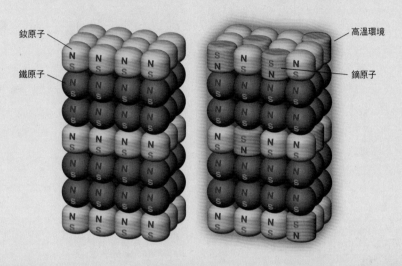

釹原子
鐵原子
高溫環境
鏑原子

讀寫頭
音圈馬達

硬碟
上圖是硬碟拿掉蓋子後的模樣（樣品）。圓盤狀的碟片可記錄資料，透過從右側伸出的細長讀寫頭便能讀取。讀寫頭根部的方形金屬部分，是用來移動讀寫頭的裝置「音圈馬達」（與揚聲器的原理相同，都是將電訊號轉換成機械運動）。這個音圈馬達就有用到釹磁鐵。

鋰
離
子
電
池
／
鈉
離
子
電
池

電池內部使用容易釋放電子的元素

所謂電池，是利用負極與正極材料「釋放電子的容易度」（離子化傾向）來產生電流的裝置。負極是以容易放出電子的材料製成，正極則是以容易吸收電子的材料製成。

釋放電子的容易度依元素種類而定。鋰（Li）是所有元素中最容易釋放電子（離子化傾向最強）的元素，這表示如果電池的負極材料是鋰，便可製造出電力（電壓）最強的電池。再加上鋰在金屬中最輕、原子半徑最小，故有助於電池的小型化、輕量化。但在另一方面，鋰是容易與其他物質反應的元素，所以操作上比較困難。

而「鋰離子電池」可以在抑制鋰活性的前提下，發揮鋰作為電池材料的長處。水島公一、吉野彰等日本研究人員，成功開發出可以充當電極的材料，並於1991年由Sony公司世界首次商業化量產。

鋰離子電池可以重複充電（充電電池，蓄電池）。當鋰離子（Li⁺）從負極移動到正極時，就

鋰離子電池的運作機制

鋰離子電池的負極材料並不是一整塊鋰，而是將鋰嵌在碳元素中作為實質負極使用。以導線連接正極與負極後，鋰會釋放出電子進而轉變成鋰離子，通過電池隔板往正極移動。接著，呈層狀結構的鋰鈷氧化物會捕捉來到正極的鋰離子。對電池充電（從外部施加電壓）將會發生上述過程的逆向反應。

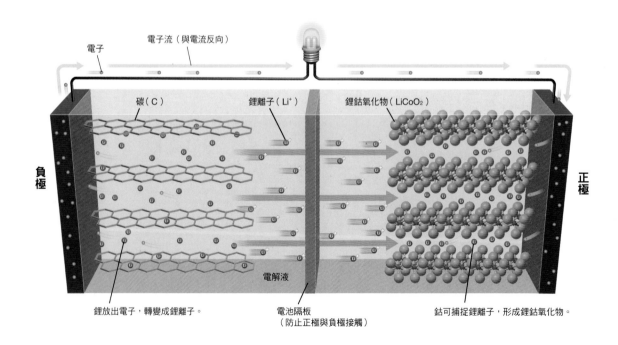

電子流（與電流反向）
電子
碳（C）　　　　　鋰離子（Li^+）　　　　鋰鈷氧化物（$LiCoO_2$）
負極　　　　　　　　　　　　　　　　　　　　　　　　　　正極
電解液
鋰放出電子，轉變成鋰離子。　　　電池隔板（防止正極與負極接觸）　　　鈷可捕捉鋰離子，形成鋰鈷氧化物。

會產生電流。如果從外部對電池施加電壓（充電），正極的鋰離子就會回到負極，恢復成可以產生電力的狀態。

下個世代的鋰離子電池

鋰的地殼豐度（厚30公里左右的地球表層）在所有元素中排行第31名，量不算少，但生產地僅限於智利與玻利維亞等國。若這些區域的供給由於某些原因突然中斷，全世界馬上就會面臨鋰不足的問題。因此，目前有在進行「鈉離子電池」的相關研究，可望海水中高濃度且遍布全球的鈉能夠取代鋰。

週期表中，鈉就在鋰的下方一格，同為第1族的鹼金屬元素，在性質上十分相似（鈉的離子化傾向略小於鋰）。因此，鈉離子電池的運作機制，基本上與鋰離子電池相同。另一方面，鈉比鋰還要重（原子量約3倍），鈉離子也比較大（體積約2倍），所以不利於電池的小型化、輕量化。

話雖如此，當原子（離子）越大時，充電與放電的速度就越快。這是因為較大的鈉離子在電池內溶液（電解液）的移動速度比鋰離子還要快。

鈉離子電池仍處於研究階段，尚未實用化。或許在不久的未來，會根據不同用途來使用不同的充電電池。需要體積小、高電壓的電池時，就使用鋰離子電池；體積稍大、電壓略低，卻能滿足高速充放電需求，則使用鈉離子電池為佳。

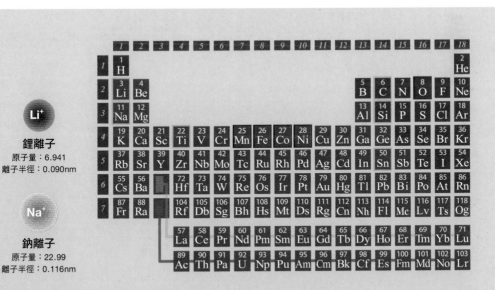

鋰離子
原子量：6.941
離子半徑：0.090nm

鈉離子
原子量：22.99
離子半徑：0.116nm

用於電池的元素
圖中以藍色外框標註鋰離子電池與鈉離子電池的負極材料，以及與負極反應有密切相關的元素；以紅色外框標註正極材料以及與正極反應有密切相關的元素。理論上，負極會使用容易放出電子（離子化傾向大），正極會使用容易獲得電子（氧化力強）的元素。

理論上，負極為鋰、正極為氟的電極組合，可以讓電池的電壓最高。可一旦電壓過高，電池內可幫助離子移動的溶液（電解液）就會被分解並產生氣體，降低了電池的安全性。所以在開發實用電池時，會將電壓控制在電解液不會被分解的程度。

介於金屬與非金屬之間的「半導體」

學校常用的元素週期表中，有96種元素屬於「金屬」，22種元素屬於「非金屬」。這是將各元素的性質與典型的金屬性質兩相比較之後分類而成。所謂典型的金屬性質，包括可以輾薄或拉長、導電及導熱效率良好、擁有獨特光澤等（參見第76頁）。

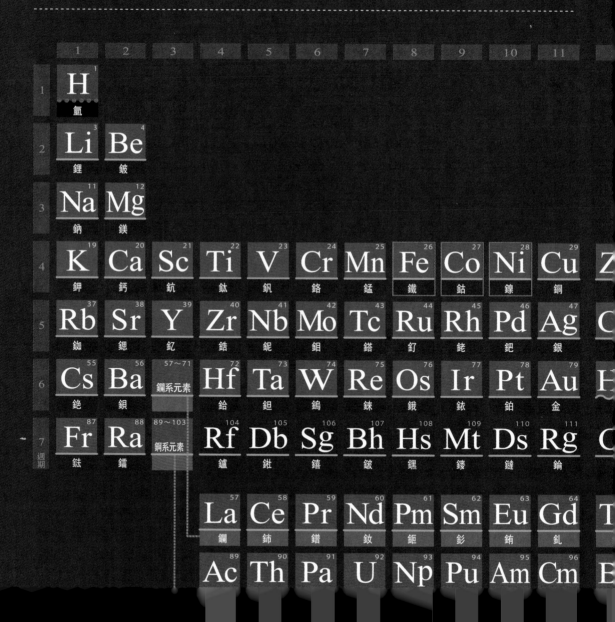

不過，若以導電度為基準來分類金屬與非金屬的話※，區分兩者的界線就會和我們熟知的週期表有所不同。以原子序32的元素鍺（Ge）為例，在學校常用的元素週期表中是把鍺歸類為金屬，但是鍺的導電度卻沒有一般金屬那麼高。另外，金屬在低溫下的導電度比較高，反觀鍺則是在高溫下的導電度比較高。

類似鍺這種性質的元素或化合物，稱為「半導體」（semiconductor）。若是以導電度作為基準，屬於半導體的鍺就會歸類為非金屬。

※：若以導電度為基準，便可依照能帶理論（band theory）將元素明確分為金屬、半金屬（導體）與非金屬（半導體、絕緣體）。

以導電度為基準的週期表

圖中以導電度為基準，將金屬（導體）與非金屬（半導體、絕緣體）標上不同顏色。金屬元素（導體）可以導電，非金屬元素（絕緣體）無法導電。非金屬元素（半導體）的導電度不像金屬那麼好，不過溫度越高其導電度會越好。

| 族 | 13 | 14 | 15 | 16 | 17 | 18 |

						He 2 氦
	B 5 硼	C 6 碳	N 7 氮	O 8 氧	F 9 氟	Ne 10 氖
	Al 13 鋁	Si 14 矽	P 15 磷	S 16 硫	Cl 17 氯	Ar 18 氬
Ga 31 鎵	Ge 32 鍺	As 33 砷	Se 34 硒	Br 35 溴	Kr 36 氪
In 49 銦	Sn 50 錫	Sb 51 銻	Te 52 碲	I 53 碘	Xe 54 氙
Tl 81 鉈	Pb 82 鉛	Bi 83 鉍	Po 84 釙	At 85 砈	Rn 86 氡
Nh 113 鉨	Fl 114 鈇	Mc 115 鏌	Lv 116 鉝	Ts 117 鿬	Og 118 鿫

| Dy 66 鏑 | Ho 67 鈥 | Er 68 鉺 | Tm 69 銩 | Yb 70 鐿 | Lu 71 鎦 |
| Cf 98 鐦 | Es 99 鑀 | Fm 100 鐨 | Md 101 鍆 | No 102 鍩 | Lr 103 鐒 |

- ▢ 依導電度分類為「金屬」（導體）的元素
- ▢ 依導電度分類為「非金屬」（絕緣體）的元素
- ▢ 依導電度分類為「非金屬」（半導體）的元素
- ▢ 導電度不詳的元素
- ▢ 磁性金屬（15～25℃）
- ⋯⋯ 單質為氣態的元素（25℃，1大氣壓）
- 〜 單質為液態的元素（25℃，1大氣壓）
- ─── 單質為固態的元素（25℃，1大氣壓）

*1：圖中對金屬（導體）、非金屬（絕緣體）、非金屬（半導體）的顏色分類，主要參考日本宇宙航空研究開發機構（JAXA）宇宙科學研究所的岡田純平（當時為助理教授）研究團隊，於2015年4月發表的研究成果「硼熔化後會變成金屬嗎？」中刊載的週期表。

*2：碳（C）為「鑽石」時屬於非金屬（絕緣體或半導體），為「石墨」時屬於金屬（導體）。磷（P）為「白磷」、「紅磷」、「紫磷」時屬於非金屬（絕緣體），為「黑磷」時屬於金屬（導體）。另外，像鑽石與石墨這種由同一種元素構成卻性質相異的物質，稱為「同素異形體」（allotrope）。

*3：碳元素形成奈米碳管（參見第114頁）時，會轉變成半導體或導體。矽（Si）與鍺（Ge）是典型的半導體。硒（Se）為「金屬硒」、碲（Te）為「金屬碲」時，屬於半導體。錫（Sn）為「α錫」、鉍（Bi）為薄膜狀態時，屬於半導體。

COLUMN

照亮將來的
工業用「超導體」

特定的金屬或是化合物在一定溫度以下時，電阻會降至零，也就是所謂的超導現象（superconductivity）。一般而言，隨著溫度的降低，金屬的電阻會逐漸下降，但是並不會降到零。不過，由超導材料製成的「超導體」（superconductor）一旦降到某個溫度以下時，電阻就會突然變成零（轉移溫度，transition temperature）。

最早發現超導現象的人是荷蘭物理學家昂內斯（Kamerlingh Onnes，1853～1926）。他發現當汞（Hg）冷卻到液態氦（He）的沸點－269℃（4K）時，其電阻會突然降成零。

超導體有許多優點，包括通電時的電力損耗很小、可在不消耗電能的情況下產生很強的磁場等。有些產品就會應用到超導原理，譬如MRI等醫療用儀器。

超導體也能應用在交通運輸方面，日本預計於2027年營運的磁浮（Linear）中央新幹線就是其中之一。「Linear」指的是超導磁浮鐵路，原理是將車廂上的超導磁鐵冷卻至極低溫以產生很強的磁力，再透過與鐵道「導軌」（guideway）線圈之間的吸力與斥力，便可使整個車廂以上浮10公分左右的狀態奔馳。一般而言，兩個磁鐵靠近時，同極（N與N、S與S）會互斥，異極（N與S）則會互相吸引。不過在超導狀態下，既不會互斥也不會互相吸引，而是像反重力般飄浮起來（邁斯納效應，Meissner effect）。

工業用「超導體」的推廣

超導體機器大多使用液態氦作為冷卻劑，不過缺點是冷卻成本相當高（處理上也比較麻煩）。為解決這個問題，研究人員嘗試開發可以在高溫下維持超導狀態的物質。1986年，繼德國物理學家比得諾茲（Johannes Bednorz，1950～）與瑞士物理學家繆勒（Alex Müller，1927～）發現銅氧化物超導體之後，其他種氧化物的超導材料也陸續被發現。如今隨著成本等方面的問題逐漸

超導電纜

圖為使用釔的超導電纜。電阻為零，故可大幅減少輸電損失。另外，「超導」也可以寫成「超電導」或「超傳導」，意義都相同。

磁浮列車

行駛在日本山梨縣磁浮實驗線的磁浮列車（L0系）。

解決，未來有望將這些超導材料運用在各種工業機器上。

　　譬如以超導材料製成的輸電用電纜。現在「釔系電纜」與「鉍系電纜」已達到實用化水準。雖然釔系電纜的製造過程較為複雜，卻可以用來輸送大電流，未來可能成為主流材料。

「稀有金屬」豐度都很低嗎？

「**稀**有金屬」（rare metal）是經濟或產業領域的常見用語。一般是指由於某些原因而產量稀少的金屬或半金屬，並沒有明確定義。另外，像鐵（Fe）、鋁（Al）、銅（Cu）這類產量多且大量運用在人類社會的金屬，則稱為「卑金屬」（base metal）。

就算把所有稀有金屬加總起來，也不過占地殼（地球表層）的0.8%。聽起來會讓人覺得稀有金屬的豐度很低，但也不盡如此。舉例來說，釩（V）的地殼豐度為160ppm（1ppm代表1噸地殼中含有1公克的該元素），甚至還比卑金屬的銅多了55ppm。不過，釩在地殼中的分布廣且分散，難以集中開採，因而歸類為稀有金屬。另外，鈦（Ti）的地殼豐度僅次於鉀（K），但要從礦石中提煉出單質的鈦金屬需要消耗大量電力與時間，所以也歸類為稀有金屬。

稀有金屬

一般是指由於某些原因而產量稀少的金屬或半金屬。稀有金屬的種類會因不同學者、不同國家的定義而有所差異（例如日本的經濟產業省於1980年代將47種元素定為稀有金屬）。有些元素的豐度並不低，主要原因在於難以集中開採，或者從礦石提煉的過程太費時費力，所以才被視為稀有金屬。

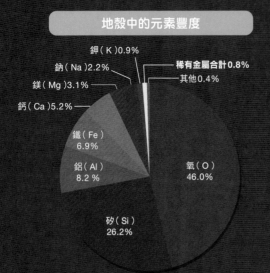

地殼中的元素豐度

鉀（K）0.9%
鈉（Na）2.2%
鎂（Mg）3.1%
鈣（Ca）5.2%
鐵（Fe）6.9%
鋁（Al）8.2%
矽（Si）26.2%
氧（O）46.0%
稀有金屬合計0.8%
其他0.4%

釩
釩在地殼中的分布廣且散，難以集中開採，因而歸類為稀有金屬。

地殼豐度
160g/噸

釩礦

鈦的熔煉法［克羅爾法（Kroll process）］

鈦礦石

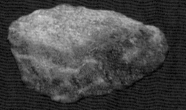

含鈦的鐵礦石

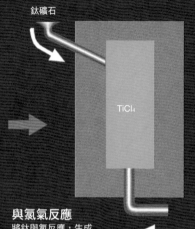

TiCl₄

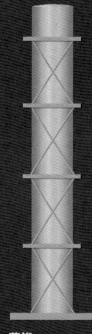

去除鐵
首先與碳共熱，去除鐵。

與氯氣反應
將鈦與氯氣反應，生成
四氯化鈦（TiCl₄）。

← 氯氣

蒸餾
透過蒸餾得到高純度
的四氯化鈦。

> **鈦**
> 地殼豐度為5600ppm（即每噸地殼中含有5600公克），略少於鉀（21000ppm）。不
> 過，從礦石中提煉出單質鈦金屬的過程（本圖）需要消耗大量電力與時間，生產效率
> 相當低，於是歸類為稀有金屬。
> 　過去鋁也因為和鈦相同的理由而被列為稀有金屬，直到開發出高效率的提煉方法
> 後，鋁才從稀有金屬中「畢業」。

鎂

TiCl₄ →

Ti

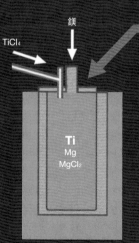

Ti
Mg
MgCl₂

Ti

Mg
MgCl₂

Ti

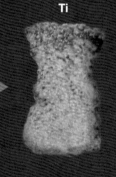

與鎂反應
將四氯化鈦與熔化的金屬
鎂反應，可得到金屬鈦。

去除雜質
以高溫加熱，去除氯化鎂（MgCl₂）及鎂。

海綿鈦
提煉後的金屬鈦。
仍有許多空隙，因
而得名。

難以穩定供給的「稀有金屬」

稀有金屬生產國的分布相當不平均。譬如南非與俄羅斯的鉑（Pt）就占了世界總產量的84%；中國與越南的鎢（W）就占了世界總產量的90%。生產國分布不均除了地理因素之外，需求量低到只要位於特定區域的幾個礦場就能滿足也是一大原因。

當生產國限於某些地區時，一旦這些國家減少出口，全世界的稀有金屬可能馬上就會缺貨。因此，如何穩定這些稀有金屬的供給就變得相當重要。

另外，即使稀有金屬不會馬上枯竭，也可能因為短期內供給不足而帶來衝擊。譬如鋅（Zn）的副產品銦（In）的產量就取決於鋅的產量，無法馬上增產。所以當需求遽增時，價格也會翻高。

一般而言，稀有金屬的礦場開發至少需要10年、20年，相當漫長。另一方面，稀有金屬的需求常在短時間內出現又消失，導致供需經常失衡。

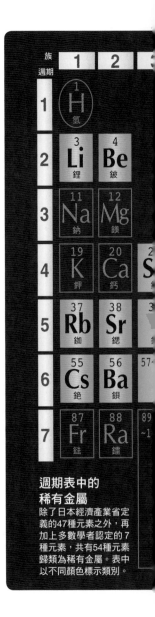

週期表中的稀有金屬
除了日本經濟產業省定義的47種元素之外，再加上多數學者認定的7種元素，共有54種元素歸類為稀有金屬。表中以不同顏色標示類別。

稀有金屬的主要生產國與價格變化

生產與供給稀有金屬的國家相當有限（右圖）。由於供給量相當少，價格波動劇烈。需求與供給失衡時，價格也會大幅波動。舉例來說，隨著液晶電視的普及，銦的需求也跟著暴增，有時價格甚至漲到數年前的8倍以上。未來隨著開發中國家的生活水準提升，銦的價格預計也會持續上升。

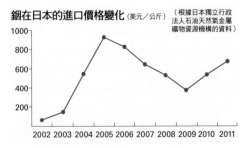

銦在日本的進口價格變化（美元／公斤）（根據日本獨立行政法人石油天然氣金屬礦物資源機構的資料）

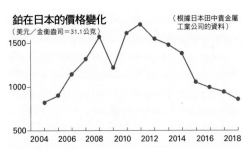

鉑在日本的價格變化（美元／金衡盎司＝31.1公克）（根據日本田中貴金屬工業公司的資料）

鉑
鈷
鎢
鈮
釩
錸
稀土

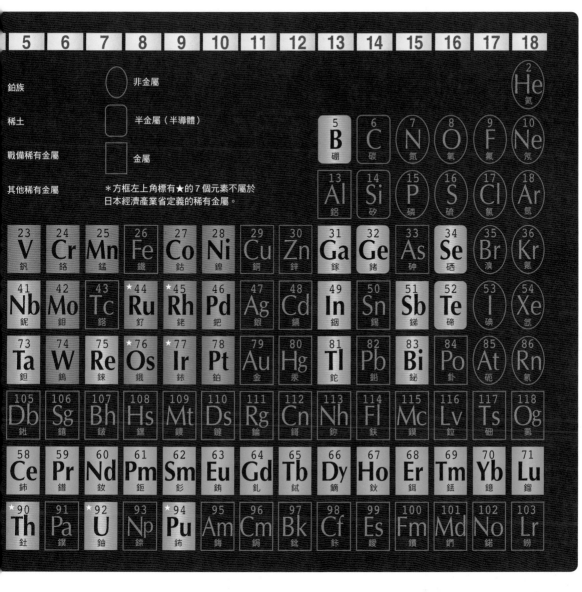

| 5 | 6 | 7 | 8 | 9 | 10 | 11 | 12 | 13 | 14 | 15 | 16 | 17 | 18 |

鉑族　　　　○ 非金屬

稀土　　　　□ 半金屬（半導體）

戰備稀有金屬　□ 金屬

其他稀有金屬　＊方框左上角標有★的7個元素不屬於
　　　　　　　日本經濟產業省定義的稀有金屬。

根據GLOBAL NOTE公司的統計資料（2016～2018年）

南非 72%	俄羅斯 12%	辛巴威 8%	其他
剛果民主共和國 57%	澳洲 5%	古巴 5%	俄羅斯 5%	其他
中國 82%	越南 8%	其他
巴西 88%	加拿大 10%
中國 56%	俄羅斯 25%	南非 11%	巴西 8%
智利 55%	美國 19%	波蘭 17%	其他
中國 80%	澳洲 4%	其他

20　　　　40　　　　60　　　　80　　　　100（%）

高科技產品中
不可或缺的「稀土」

「稀土」(rare earth)是第3族元素（週期表中從左算起第三縱行）17種金屬元素的總稱，包括稀有金屬中原子序21的鈧（Sc）、原子序39的釔（Y），以及原子序57的鑭（La）到原子序71的鎦（Lu）這15種鑭系元素。

電子會從離原子核最近的電子殼層開始，由內而外依序填入。不過就過渡元素（參見第56頁）而言，即使內側電子殼層還有「空位」，電子仍會先填入較外側的電子殼層，然後再填入較內一層的電子殼層。而鑭系元素甚至會將電子填入由外算起第三層的空位。各種鑭系元素最外側的電子數皆相同，故化學性質十分相近。

鑭系元素擁有螢光性質。當由外算起第三層之電子殼層內的電子接收到強烈外部能量時，就會躍遷到同一個電子殼層的空位。之後，當電子回到原來的位置時，會釋放出光（螢光）。可以利用鑭系元素的這種性質來製作發色材料，使彩色液晶螢幕或日光燈發出色光。

專欄 COLUMN　都市礦山

因老舊、故障而無法再使用的小型家電（電子產品）含有各種金屬資源，在日本稱之為都市礦山。據說日本1年內約有65萬噸的小型家電遭到廢棄，其中含有超過800億日圓的貴重金屬。以金為例，估計日本國內的都市礦山含有6800噸的金，這相當於世界蘊藏量4萬2000噸的16%。

金、銀、鉑等貴金屬以及鐵、銅等卑金屬，幾乎都會回收再利用。但稀有金屬目前大多是不回收直接廢棄的狀態。稀有金屬的生產國侷限於少數國家，所以產業界亟需穩定的來源。如果能開發出從消費者手中有效回收產品的方法，或是以低成本高效率提煉出高純度金屬的技術，或許日本有機會成為「資源大國」。

鑭系元素的性質

鑭系元素最外側的電子殼層都有2個電子；離子化後，會失去最外側的3個（也可能是2個或4個）電子，使最外側變成8個電子，上述兩種情況所有鑭系元素皆同。圖中原子中央的球（相當於原子核）的顏色，是各元素水溶液的顏色。

＊電子殼層由多個電子軌域構成。圖中僅將N層的4f軌域與其他副殼層分開繪製。

銩（Tm，13）

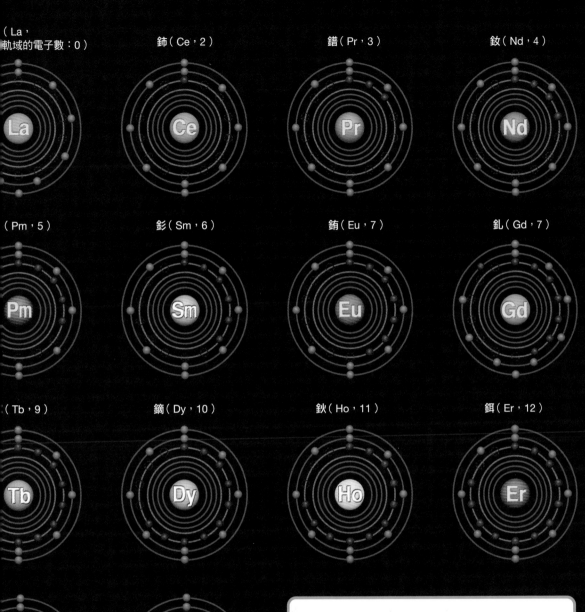

（La，
軌域的電子數：0）

鈰（Ce，2）

鐠（Pr，3）

釹（Nd，4）

（Pm，5）

釤（Sm，6）

銪（Eu，7）

釓（Gd，7）

（Tb，9）

鏑（Dy，10）

鈥（Ho，11）

鉺（Er，12）

（Yb，14）

鎦（Lu，14）

※：這會讓電子雲變形，抑制鐵原子方向的變化，
　　使原子的方向趨於一致。

鑭系元素

即使N層還有「空位」，鑭系元素也會先將電子填入O層
或P層。隨著原子序增加，電子再填入N層（4f軌域）的
空位。舉例來說，釹（Nd）或鏑（Dy）之所以是強力磁
鐵的材料，就是因為內側電子殼層還有空位※。另外，週期
表中在鑭系元素下一列的錒系元素（原子序89的錒（Ac）
到原子序103的鐒（Lr）這15種元素）也會將電子填入由
外算起第三層的電子殼層。

4

118種元素完全圖解

The complete guide to 118 elements

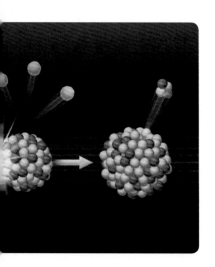

許多元素名稱源自地名、人名等

元 素的名稱是由IUPAC（國際純化學暨應用化學聯合會）這個組織討論決定。訂定名稱並沒有什麼特殊限制，所以元素名稱的由來五花八門，可能來自地名、人名、天體名、神名、原料名等等。

其中最特別的就是釔（Y）、鋱（Tb）、鐿（Yb）、鉺（Er），這四個元素名稱都源自北歐瑞典首都斯德哥爾摩近郊的小村莊伊特比（Ytterby）。1794年，芬蘭化學家加多林（Johan Gadolin，1760～1852）分析從該村開採出來的礦物（之後命名為「加多林石」），發現新元素釔。之後科學家進一步分析釔，卻從中發現鋱與鉺，接著又從鉺中發現鐿。

地名是許多元素名稱的由來，但四個元素的名稱都來自同一地點的例子只有「伊特比」。由此可見，加多林石的故事是多麼罕見的傳奇。

從次頁開始，將詳細介紹118種元素。

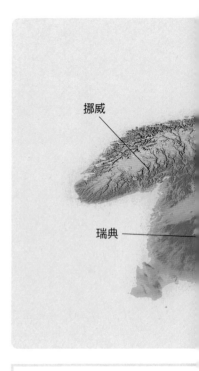

挪威

瑞典

元素名稱的由來

元素名稱由IUPAC開會決定。訂定元素名稱沒有什麼限制，可以是發現者的名字、天體或神明的名稱、氣味或顏色等，名稱由來十分多樣（以下列舉幾個例子）。

源自發現地名稱的元素
· 銪（Europium）……歐洲（Europe）
· 𨧀（Dubnium）……杜布納（Dubna，位於俄羅斯）

源自發現原料的元素
· 鈣（Calcium）……石灰（calx）
· 鋯（Zirconium）……鋯石（zircon）

源自人名的元素
· 鑀（Einsteinium）……愛因斯坦（Einstein）
· 鋦（Curium）……居禮夫婦（Curie）

源自天體名稱的元素
· 碲（Tellurium）……地球（tellus）
· 硒（Selenium）……月神（Selene）

源自神名的元素
· 鈦（Titanium）……泰坦（Titans）
· 鉕（Promethium）……普羅米修斯（Prometheus）

原子序
元素符號
中文名稱
英文名稱
常溫下單質狀態

※1：若該元素為沒有穩定同位素、無法確認原子量的放射性元素，便會列出已確認存在的同位素質量，並加（）表示。
※2：設矽有1×10⁶個時，依比例算出的原子數。
※3：〈價格參考來源〉
♣《物價資料》（2020年10月號）
◆ 日本獨立行政法人石油天然氣金屬礦物資源機構《礦物資源material flow》（2018）
■ 株式會社Nirako 純金屬價格表
★ 和光純藥工業siyaku.com
設1美元＝110日圓

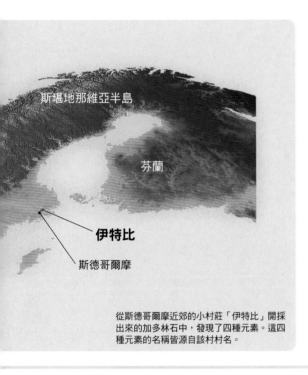

斯堪地那維亞半島

芬蘭

伊特比

斯德哥爾摩

從斯德哥爾摩近郊的小村莊「伊特比」開採出來的加多林石中，發現了四種元素。這四種元素的名稱皆源自該村村名。

Part4的資料閱讀說明

次頁以後將依序介紹118種元素，並附上如下的資料表。

── 基本資料 ──

質子數
價電子數
原子量 *¹ 設碳元素的同位素^{12}C的原子量為12時，計算出，來的相對質量
熔點 單位為「℃」
沸點 單位為「℃」
密度 單位為「g/cm^3」（常溫下的密度）
豐度
　地球 地殼中的豐度
　宇宙 宇宙中的豐度 *²
來源 含有該元素的代表性物質或礦物及其主要生產國
價格 參考4種資料，列出一般在在市面上的流通價格 *³
發現者 發現者名稱（國名）
發現年

★★★ 小知識 ★★★

元素名稱的由來
說明該元素名稱的由來。如果有多種說法，則以代表性說法為主。

發現時的小故事
發現該元素的過程。

主要化合物
列舉出該元素在高中「化學」課程中會提到的主要化合物。

主要同位素
列出該元素的主要穩定同位素。元素符號左上數字為質子數與中子數的加總。並列出該同位素占所有同位素的比例。

註：資料不明時以「一」表示。
註：價格以外的資料主要參考《改訂5版 化學便覽 基礎篇》。

週期表上的位置
（該元素以紅色標示，同族元素以粉色標示）

O
氧
Oxygen

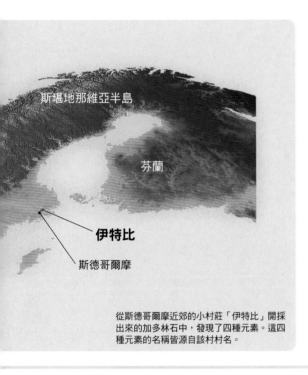

474000
ppm

在地殼內的比例（圓餅圖與數值）
（在圓餅圖中，1萬ppm為1%，不過當元素比例小於1萬ppm時皆以1%表示）

 氣態　 非金屬：液態　 金屬：液態

 非金屬：固態　 金屬：固態

 人造元素

「氫」也是DNA的必要元素

動物細胞
具有遺傳訊息的染色體在各細胞細胞核內。

細胞核

氫可以說是所有元素中最基本的元素。我們身邊有許多與氫相關的應用，譬如氨的合成原料（工業用氫有一半以上都是用於合成氨）、燃料電池、人造奶油添加劑等。

另外，氫也是生物基因本體DNA中不可或缺的元素。DNA有2條緞帶般的長鏈，以一個軸為中心互相纏繞成螺旋狀結構。緞帶上有腺嘌呤、胞嘧啶、鳥嘌呤、胸腺嘧啶這些鹼基（含氮的環狀有機化合物）突起。在這4種鹼基中，腺嘌呤會與胸腺嘧啶配對，胞嘧啶會與鳥嘌呤配對，形成雙螺旋結構。鹼基配對時需要「氫鍵」（hydrogen bond）。

氫鍵的力量相當弱，容易切斷。氫鍵斷開的DNA鏈會與特定蛋白質結合，開始複製DNA。

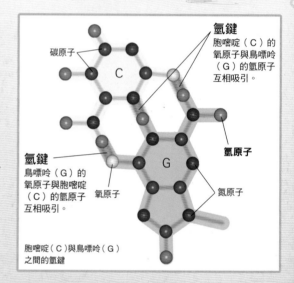

碳原子

氫鍵
胞嘧啶（C）的氧原子與鳥嘌呤（G）的氫原子互相吸引。

氫原子

氫鍵
鳥嘌呤（G）的氧原子與胞嘧啶（C）的氫原子互相吸引。

氧原子

氮原子

胞嘧啶（C）與鳥嘌呤（G）之間的氫鍵

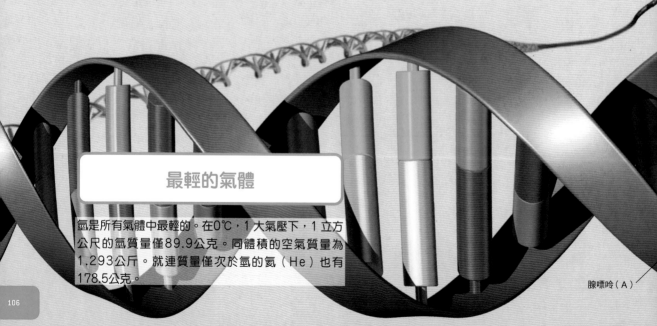

最輕的氣體

氫是所有氣體中最輕的。在0℃，1大氣壓下，1立方公尺的氫質量僅89.9公克。同體積的空氣質量為1,293公斤。就連質量僅次於氫的氦（He）也有178.5公克。

腺嘌呤（A）

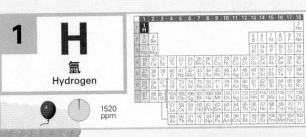

1	**H** 氫 Hydrogen

1520 ppm

染色體
DNA纏繞蛋白質
所形成的結構

—基本資料—

質子數 1
價電子數 1
原子量 1.00784～1.00811
熔點 -259.14
沸點 -252.87
密度 0.00008988
豐度
地球 1520ppm
宇宙 2.79×10¹⁰
來源 水、胺基酸等
價格 370日圓（每立方公尺）♣
發現者 卡文迪西（英格蘭）
發現年 1766年

★★★ 小知識 ★★★

元素名稱的由來
源自於希臘文的「水」（hydro）與
「產生」（genes）。

發現時的小故事
1766年，卡文迪西注意到酸與鐵
等反應後，會產生遠輕於空氣的氣
體，就是現在的氫氣。氫的英文名
稱是1783年時由拉瓦節命名。

主要化合物
氯化氫（HCl）、水（H₂O）、硫化氫
（H₂S）、氨（NH₃）、甲烷（CH₄）、
葡萄糖（C₆H₁₂O₆）、硫酸銨
（（NH₄）₂SO₄）、氫氧化鋁
（Al（OH）₃）、乙烷（C₂H₆）、硫酸
（H₂SO₄）

主要同位素
¹H（99.9885%）、²H（0.0115%）

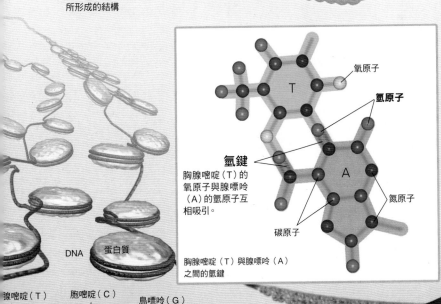

氧原子

氫原子

氫鍵
胸腺嘧啶（T）的
氧原子與腺嘌呤
（A）的氫原子互
相吸引。

氮原子

碳原子

胸腺嘧啶（T）與腺嘌呤（A）
之間的氫鍵

DNA

蛋白質

腺嘧啶（T）　胞嘧啶（C）　鳥嘌呤（G）

氫鍵

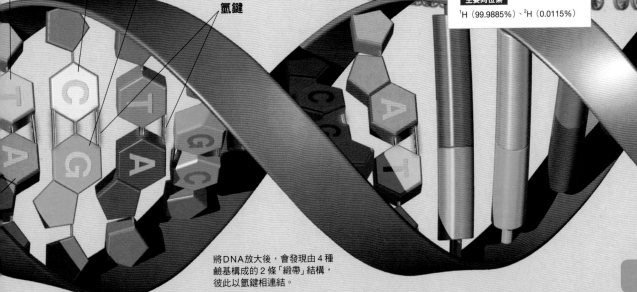

將DNA放大後，會發現由4種
鹼基構成的2條「緞帶」結構，
彼此以氫鍵相連結。

又輕又安全的「氦」

氦 與氫同為宇宙剛誕生時就出現的元素。氦的質量僅次於氫，卻不像氫那樣易燃。不可燃的氦相當安全，因此常作為氣球、熱氣球、飛行船的填充氣體。

另外，深海潛水用的氣瓶會用氦或氬（Ar）取代氮（N）。通常，潛水用氣瓶裝的是空氣。不過在水深超過10公尺的地方潛水時，高壓會導致氮氣溶於血液中。當人從深處急速浮起時，在體內形成氣泡的氮氣恐會造成腦部功能障礙。為了抑制這種「潛水夫病」（decompression sickness），就要使用對身體無害的氦或氬來取代氮，才能防止氣體與體內物質結合（難溶於血）。

氦還有一個眾所周知的用途是「變聲氣體」。當聲帶周圍充滿了變聲氣體時，聲帶的振動狀況會和平常只有空氣時的情況不一樣，所以發出來的聲音也會有所不同。

難以變成固態或液態

氫氣是由兩個氫原子組成的分子，而氦氣等惰性氣體在單一原子狀態下就很穩定，所以會保持原子的形式存在。另外，惰性氣體分子間的結合力（分子間力，Intermolecular force）非常小，難以轉變成固態或液態（沸點與熔點很低）。氦的沸點為－268.934℃，是所有元素中沸點最低的。

＊照片右下角是固定飛行船船頭用的繫留柱。近年的研究認為，興登堡號空難的原因是機體上累積的靜電產生火花，導致機體表面塗料起火燃燒。為了反射太陽光，興登堡號機體表面的塗料混有氧化鐵（FeO或Fe_2O_3）與鋁（Al）的粉末。氧化鐵與鋁的混合物接觸到火花時會劇烈燃燒（鋁熱反應）。

如果用氦來填充的話就不會發生興登堡號的慘劇

飛行船是19世紀後半至20世紀初開發出來的飛行工具。在飛行船氣囊內填充比空氣還輕的氣體就能使其浮起，再用螺旋槳等裝置推進。飛行船在當時是相當實用的航空工具，如第一次世界大戰時將其用於軍事任務，齊柏林飛船（Zeppelin）於1929年完成成功繞行世界一周的壯舉等。

然而，飛行船的時代卻突然結束。1937年5月6日晚上7點多（當地時間），抵達美國紐澤西州雷克霍斯特航空站的興登堡號（Hindenburg）在停泊時，繫留作業突然發生原因不明的大爆炸，燃起熊熊烈火，導致興登堡號墜落地面。當時飛行船使用的填充氣體是氫而非氦。當氫氣的濃度在4～75%之間，稍有一點熱能就會爆炸。由於事件發生時，有許多想一睹飛行船的平民與記者群集於此，事故消息與相關影像立刻傳播到全世界。

2 **He**
氦
Helium

0.008 ppm

─基本資料─

質子數	2
價電子數	0
原子量	4.002602
熔點	-272.2
沸點	-268.934
密度	0.0001785
豐度	
地球	0.008ppm
宇宙	2.72×10^9
來源	某些天然氣
價格	3350日圓（每立方公尺）♣
發現者	洛克耶（英格蘭）
發現年	1868年

★★★ 小知識 ★★★

元素名稱的由來

希臘文的「太陽」（helios）。

發現時的小故事

洛克耶（Joseph Lockyer）觀察太陽後，認為太陽的黃光是某種新元素所發出來的，於是便將其命名為「氦」。

主要化合物 ─

主要同位素

^{3}He（0.000134%）、
^{4}He（99.999866%）

發現氫的
卡文迪西

發現氫的人是英國化學家暨物理學家卡文迪西（Henry Cavendish，1731～1810）。卡文迪西將金屬與酸性液體反應後產生的「可燃空氣」分離出來，詳細研究其性質。當時所謂的「空氣」就是現在我們說的「氣體」。

卡文迪西將鋅（Zn）、鐵（Fe）等金屬與鹽酸（HCl）、硫酸（H_2SO_4）水溶液反應，藉此產生氣體。他發現分離出來的可燃空氣重量為一般空氣的11分之1[※]，並將這個研究結果整理成論文於1766年發表。這種可燃空氣就是後來稱為氫的氣體。

氫意謂「產生水的物質」

卡文迪西發表論文的年代，對於物質燃燒現象的看法是，由於名為「燃素」（phlogiston）的元素離開物質所造成。以金屬燃燒為例，即燃素離開了金屬，並留下金屬的灰燼。所以卡文迪西認為自己分離出來的可燃空氣是原本就在金屬內的燃素。

接著卡文迪西又發現，將可燃空氣與「脫燃素空氣（氧）」混合燃燒後會產生水，於是在1784年發表了另一篇論文。

後來，拉瓦節否定了燃素說，掀起了化學界革命（參見第44頁）。拉瓦節闡明物質燃燒的現象是空氣中某種成分與物質結合所引發的，並於1779年將該成分命名為「氧」。到了1789年，又將卡文迪西發現的可燃空氣命名為「氫」（hydrogen）。hydrogen意為「產生（gen）水（hydro）的物質」。自此之後可燃空氣就定名為氫了。

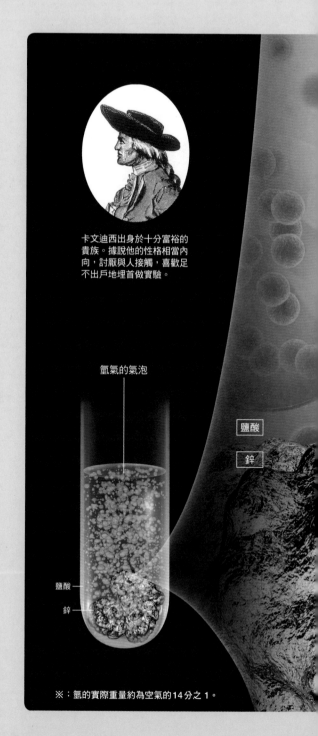

卡文迪西出身於十分富裕的貴族。據說他的性格相當內向，討厭與人接觸，喜歡足不出戶地埋首做實驗。

氫氣的氣泡

鹽酸

鋅

鹽酸 ——

鋅 ——

※：氫的實際重量約為空氣的14分之1。

COLUMN

Henry Cavendish

卡文迪西

卡文迪西的實驗

當鋅（Zn）與鹽酸（HCl）混合，鋅表面的鋅原子會放出電子，轉變成鋅離子（Zn^{2+}），溶於水溶液中（1）。接著氫離子（H^+）會接收鋅原子放出的電子（2），在鋅的表面轉變成氫原子（H）（3）。2個氫原子會結合成氫分子（H_2）（4）。鋅表面的氣泡就是聚集在一起的氫分子（氫氣）（5）。

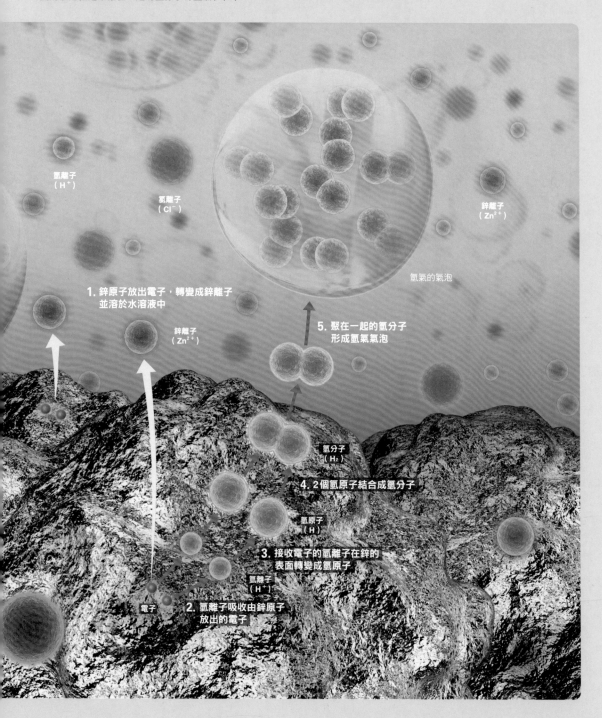

氫離子
（H^+）

氯離子
（Cl^-）

鋅離子
（Zn^{2+}）

氫氣的氣泡

1. 鋅原子放出電子，轉變成鋅離子
　並溶於水溶液中

鋅離子
（Zn^{2+}）

5. 聚在一起的氫分子
　形成氫氣氣泡

氫分子
（H_2）

4. 2個氫原子結合成氫分子

氫原子
（H）

3. 接收電子的氫離子在鋅的
　表面轉變成氫原子

氫離子
（H^+）

電子

2. 氫離子吸收由鋅原子
　放出的電子

111

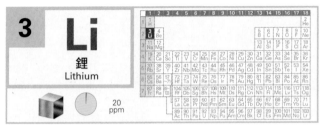

	質子數	3
3	Li	
	鋰	
	Lithium	

20 ppm

鋰（保存在石油中）

－基本資料－

質子數	3
價電子數	1
原子量	6.938〜6.997
熔點	180.54
沸點	1347
密度	0.534
豐度	
地球	20ppm
宇宙	57.1
來源	鋰輝石、鋰雲母
	（智利、加拿大等）
價格	1276日圓（每公斤）◆
	氫氧化鋰
發現者	阿韋德松
	（Johan Arfwedson，瑞典）
發現年	1817年

★★★ 小知識 ★★★

元素名稱的由來

希臘文的「石頭」（Lithos）。

發現時的小故事

分析「透鋰長石」（petalite）這種礦物時發現的。

主要化合物

$LiOH$、Li_2O、Li_2CO_3

主要同位素

^6Li（7.59%）、^7Li（92.41%）

最輕的金屬

鋰與氫、氦同為宇宙剛誕生時最先出現的元素，也是最輕的金屬。可用於製造鋰離子電池、強化玻璃、琺瑯、太空船等密閉空間內的二氧化碳吸收劑、潤滑油，也可作為製造合成橡膠原料異戊二烯時的催化劑。

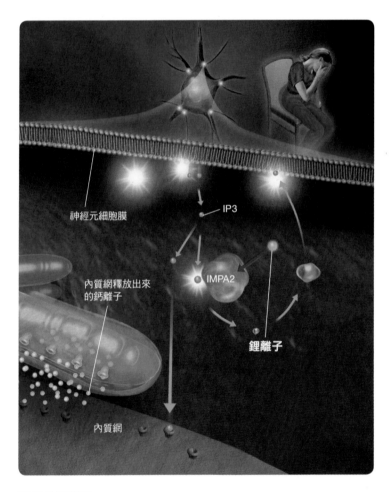

神經元細胞膜

IP3

內質網釋放出來的鈣離子

IMPA2

鋰離子

內質網

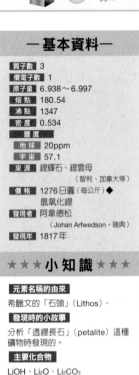

位於智利海拔2300公尺高地的亞他加馬鹽沼是鋰的寶庫。安地斯山脈的造山運動使該處隆起成山，海水乾涸後，留下豐富的鋰。一年只下幾天雨的乾燥氣候，也有助於鋰的開採。

藥用的鋰離子

鋰可用於製造雙極性疾患（bipolar disorder）的治療藥物。神經元（神經細胞）收到神經訊號後，細胞膜會釋放IP3這種物質進入細胞質，與內質網結合並放出鈣離子。雙極性疾患神經元內的鈣離子濃度相當高。一般認為，酶IMPA2具有讓IP3再度回到細胞膜的功能，而鋰離子可以抑制IMPA2的作用，藉此中斷神經元內的化學反應。

4 Be

鈹
Beryllium

  2.6 ppm

―基本資料―

質子數	4
價電子數	2
原子量	9.01218
熔點	1285
沸點	2780
密度	1.857

豐度	
地球	2.6ppm
宇宙	0.73

來源	綠柱石、矽鈹石
	（巴西、俄羅斯等）
價格	―
發現者	維勒（德國）、比希
	（Antoine Bussy，法國）
發現年	1828年

★★★ 小知識 ★★★

元素名稱的由來
礦物「綠柱石」（beryl）的名稱。

發現時的小故事
維勒（Friedrich Wöhler）化學分析綠柱石發現，並稱之為「鈹」。

主要化合物
BeO、$Be(OH)_2$

主要同位素
^9Be（100%）

鈹銅
在銅中添加鈹之後可製成「鈹銅」，是強度最高且導電的銅合金。因此鈹銅常作為各種零件中的彈簧材料，使各種電子裝置及汽車能夠小型化、輕量化、更耐用。

（←）亦存在於寶石中的元素

鈹是從綠柱石這種六角柱狀礦物中發現的。透明度高、色澤美麗的綠柱石，可以加工成祖母綠或海藍寶石等。

優秀的耐火性（→）

硼在自然界中不存在單質，通常以硼砂、硼酸石等硼酸鹽礦物的形式存在。
　單質或化合物的硼都擁有很優秀的耐火性。單質硼為灰黑色，不過混在玻璃中會變透明。含硼的玻璃受熱後也難以改變外型，故常用於製作料理用的玻璃容器、實驗用的燒瓶、燒杯等。

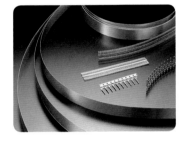

―基本資料―

質子數	5
價電子數	3
原子量	10.806～10.821
熔點	2300
沸點	3658
密度	2.34

豐度	
地球	950ppm
宇宙	21.2

來源	硼砂、硬硼鈣石（美國等）
價格	1700日圓（每公克）■
	粉末
發現者	莫瓦桑（法國）
發現年	1892年

★★★ 小知識 ★★★

元素名稱的由來
阿拉伯文的「硼砂」（buraq）。

發現時的小故事
自古以來人們就知道硼砂（硼的化合物）。莫瓦桑最先從氧化硼中分離出硼的單質。

主要化合物
H_3BO_3、$NaBH_4$

主要同位素
^{10}B（19.9%）、^{11}B（80.1%）

5 B

硼
Boron

 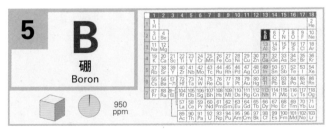 950 ppm

「碳」蘊藏著許多可能性

從史前時代開始，人類就在使用木炭形式的碳元素，現今碳也是尖端科學常見的元素。譬如預計在電子零件中取代矽（Si）的分子「奈米碳管」（carbon nanotube），就是由碳原子構成的奈米級物質。

與等重的鋼鐵相比，奈米碳管的強度高達80倍。這是因為碳原子間的連結非常強，也有一定的彈性，即使彎折到60度左右仍然能夠迅速恢復原狀。

另外，若改變奈米碳管的直徑或碳原子排列方式，其導電能力也會跟著改變，這是非常難得的性質。例如銅（Cu）總是很容易導電，而橡膠總是不導電，不像奈米碳管能夠變化。

未來，奈米碳管很可能會用來製作低耗電薄型電視的重要零件，或是汽車、太空船等的材料，應用領域相當廣泛。

不同的連接方式
會使性質有所改變

碳的性質會因為原子間連接方式不同而有多種變化。像是鑽石、石墨、奈米碳管皆僅由碳原子構成，各自的性質卻有很大的差異。

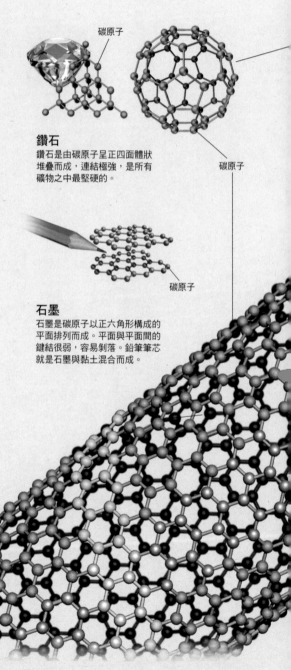

碳原子

鑽石
鑽石是由碳原子呈正四面體狀堆疊而成，連結極強，是所有礦物之中最堅硬的。

碳原子

石墨
石墨是碳原子以正六角形構成的平面排列而成。平面與平面間的鍵結很弱，容易剝落。鉛筆筆芯就是石墨與黏土混合而成。

碳原子

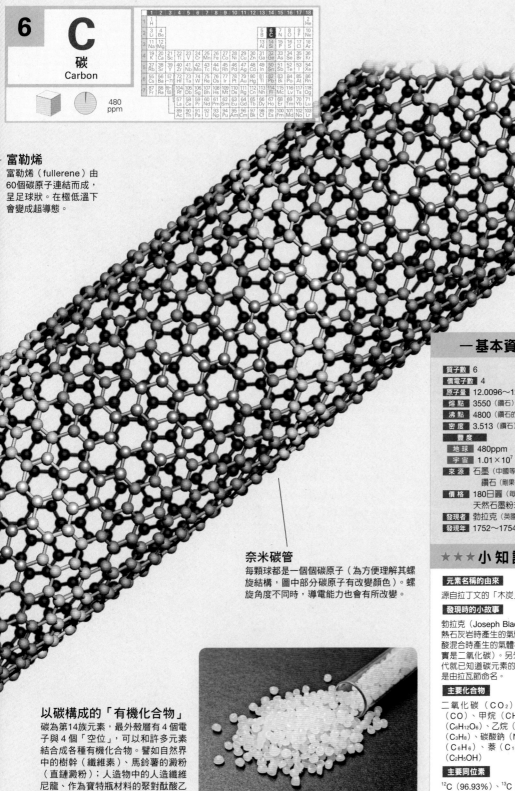

6 C
碳
Carbon

480 ppm

富勒烯

富勒烯（fullerene）由60個碳原子連結而成，呈足球狀。在極低溫下會變成超導態。

奈米碳管

每顆球都是一個個碳原子（為方便理解其螺旋結構，圖中部分碳原子有改變顏色）。螺旋角度不同時，導電能力也會有所改變。

以碳構成的「有機化合物」

碳為第14族元素，最外殼層有4個電子與4個「空位」，可以和許多元素結合成各種有機化合物。譬如自然界中的樹幹（纖維素）、馬鈴薯的澱粉（直鏈澱粉）；人造物中的人造纖維尼龍、作為寶特瓶材料的聚對苯二甲酸乙二酯等（圖為高密度聚乙烯顆粒）。

─ 基本資料 ─

質子數	6
價電子數	4
原子量	12.0096～12.0116
熔點	3550（鑽石）
沸點	4800（鑽石的昇華點）
密度	3.513（鑽石）
豐度	
地球	480ppm
宇宙	$1.01×10^7$
來源	石墨（中國等）、鑽石（剛果等）
價格	180日圓（每公斤）◆ 天然石墨粉末（或薄片狀）
發現者	勃拉克（英國）
發現年	1752～1754年

★★★ 小知識 ★★★

元素名稱的由來

源自拉丁文的「木炭」（carbo）。

發現時的小故事

勃拉克（Joseph Black）發現，加熱石灰岩時產生的氣體與碳酸鹽和酸混合時產生的氣體相同（之後證實是二氧化碳）。另外，在史前時代就已知道碳元素的存在。「碳」是由拉瓦節命名。

主要化合物

二氧化碳（CO_2）、一氧化碳（CO）、甲烷（CH_4）、葡萄糖（$C_6H_{12}O_6$）、乙烷（C_2H_6）、丙烷（C_3H_8）、碳酸鈉（Na_2CO_3）、苯（C_6H_6）、萘（$C_{10}H_8$）、乙醇（C_2H_5OH）

主要同位素

^{12}C（96.93%）、^{13}C（1.07%）

就在你我身邊的「氮」

我們的身體約有3%是氮，僅次於氧、碳、氫。胺基酸是一種人體的含氮化合物，相當於蛋白質的零件，如念珠般串連形成蛋白質。構成蛋白質的胺基酸共有20種，不同種類的胺基酸以不同順序排列成不同長度的胺基酸鏈，形成各式各樣的蛋白質。除了胺基酸與蛋白質之外，尿素等各種體內化合物中也含有氮。

氮在各種產業中的應用也相當廣泛。譬如零食包裝或葡萄酒瓶會填充氮氣，防止食品氧化。另外，處於－195.8℃以下極低溫狀態的液態氮（氮的沸點為－195.8℃），可用於製造冷凍食品、凍結保存生物實驗樣品。再者，一氧化氮（NO）有擴張血管的作用，故可作為治療狹心症的藥物。

★★★ 小知識 ★★★

元素名稱的由來
源自希臘文「硝石」（nitre）與「產生」（genes）。

發現時的小故事
在大氣中燃燒碳化合物，接著移除二氧化碳，留下來的氣體就是氮氣。「氮」是由法國的沙普塔（Jean-Antoine Chaptal）命名。

主要化合物
氨（NH_3）、硫酸銨（$(NH_4)_2SO_4$）、硝酸鉀（KNO_3）、氯化銨（NH_4Cl）、磷酸銨（$(NH_4)_3PO_4$）、二氧化氮（NO_2）、硝酸銀（$AgNO_3$）、亞硝酸銨（NH_4NO_2）、四氧化二氮（N_2O_4）、尿素（H_2NCONH_2）、甘胺酸（$C_2H_5NO_2$）、丙胺酸（$C_3H_7NO_2$）

主要同位素
^{14}N（99.636%）、^{15}N（0.364%）

─基本資料─

質子數	7
價電子數	5
原子量	14.00643～14.00728
熔點	-209.86
沸點	-195.8
密度	0.0012506
豐度	
地球	25ppm
宇宙	$3.13×10^6$
來源	空氣中、硝石（印度）、智利硝石（智利）
價格	290日圓（每立方公尺）♣
發現者	拉塞福（蘇格蘭）
發現年	1772年

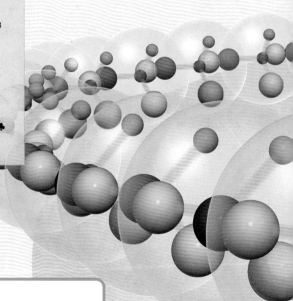

蛋白質與胺基酸

蛋白質由20種胺基酸如念珠般串連而成。由胺基酸串成的念珠會以某種特定方式摺疊，形成具有特定功能的蛋白質。右上圖為肌肉中的蛋白質。

7	**N** 氮 Nitrogen

25 ppm

摺疊的蛋白質

人體

鬆開的蛋白質

胺基酸的中心為碳原子（C），周圍有氫原子（H）、羧基（-COOH）、胺基（-NH₂）、支鏈（決定胺基酸性質的部分，不同胺基酸有不同的支鏈）這些原子團與之鍵結。其中，胺基含氮。胺基酸彼此鍵結時，胺基的氮會與羧基的碳鍵結，形成「肽鍵」（peptide bond）。

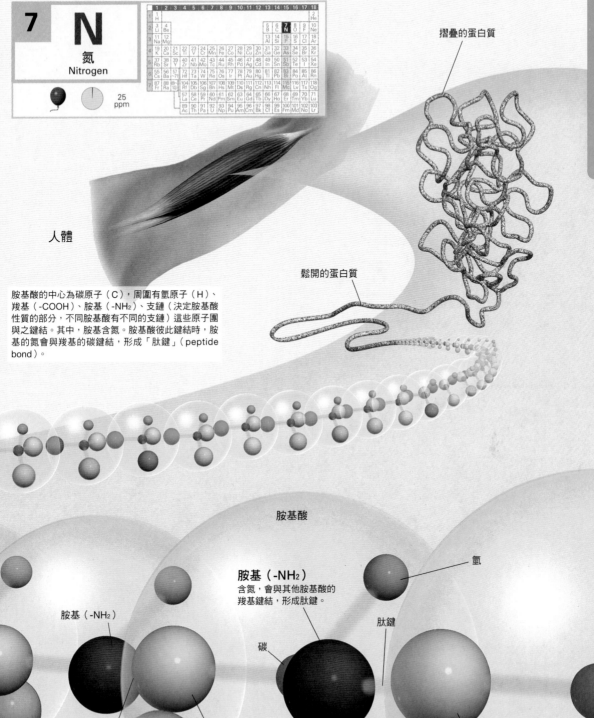

胺基酸

胺基（-NH₂）
含氮，會與其他胺基酸的羧基鍵結，形成肽鍵。

氫

胺基（-NH₂）

碳

肽鍵

羧基（-COOH）

肽鍵

羧基

支鏈

由光合作用生物製造出來的「氧」

以體積計算的話，大氣中約有21％是氧。物質之所以能夠燃燒，就是因為空氣中有氧，金屬會生鏽也是因為氧。舉例來說，鐵（Fe）在乾燥空氣中不會與氧反應，可一旦處在有濕氣的環境中，就會生鏽並發熱。拋棄式暖暖包就是利用該性質來發熱的。

將植物葉片放到顯微鏡底下觀察，可以看到細胞中有許多葉綠體。光合作用全程都在葉綠體中進行。光合作用所產生的氧，會透過葉子表面的氣孔散發至大氣中。其中，部分氧會上升到平流層，生成臭氧分子（O_3）。臭氧分子可以吸收來自太陽、對人體有害的紫外線，所以大部分的紫外線不會抵達地表。

據說原始地球的大氣幾乎不存在任何氧。目前大氣中的氧，是行光合作用的生物以二氧化碳與水為原料製造而成。

葉綠體中的反應

「類囊體膜」可吸收光能並分解水，該過程可產生電子與氫離子（及氧）。電子與氫離子可作為能量，進入卡爾文循環（Calvin cycle），以氣孔接收的二氧化碳為原料合成醣。

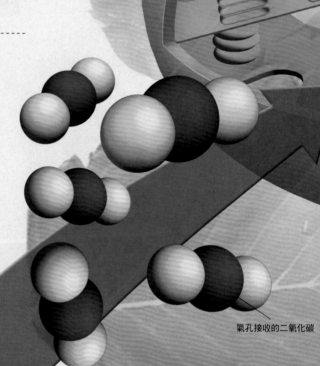

根部吸收的水

葉綠體

基質

類囊體膜

氣孔接收的二氧化碳

產生「酸」的物質

英國化學家卜利士力（Joseph Priestley，1733～1804）發現新元素（O），而拉瓦節認為「酸」性物質都含有這種元素，於是將其命名為「oxygene」，意指「產生（gen）酸（oxys）的物質」。然而，不含氧的鹽酸（HCl）其水溶液卻呈現酸性（當時認為鹽酸中含氧）；另一方面，水溶液為鹼性的石灰（CaO）卻含氧。事實證明，拉瓦節的想法是錯的。

氣孔釋放至大氣的氧

分解水後得到的氧

光能

光合作用形成的醣

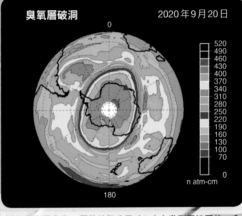

臭氧層破洞　　　　　2020年9月20日

經光合作用產生、釋放的氧分子（O_2）上升到平流層後，會被紫外線分解成氧原子。這個氧原子再與氧分子結合，就會形成臭氧（O_3）。上圖為2020年9月20日時，南半球的平均臭氧總量分布。一般定義臭氧含量在220杜柏生單位（Dobson unit，DU）以下的區域為「臭氧層破洞」。氟氯碳化物等會嚴重破壞臭氧層。

―基本資料―

質子數	8
價電子數	6
原子量	15.99903～15.99977
熔點	-218.4
沸點	-182.96
密度	0.001429

豐度	
地球	47萬4000ppm
宇宙	2.38×10^7

來源	空氣中、水
價格	280日圓（每立方公尺）♣
發現者	舍勒（瑞典）、
	卜利士力（英格蘭）
發現年	1771年

★★★ 小知識 ★★★

元素名稱的由來

希臘文的「酸」（oxys）與「產生」（genes）。

發現時的小故事

舍勒（Carl Scheele）最先針對氧的性質進行研究，並寫下詳細記錄，但出版社將書籍的發行時間推遲到1777年。在這段期間，亦有其他科學家發表了氧的相關研究，後來為了誰是氧的發現者而一時爭論不休。

主要化合物

二氧化碳（CO_2）、一氧化碳（CO）、水（H_2O）、二氧化硫（SO_2）、葡萄糖（$C_6H_{12}O_6$）、硫酸銨（$(NH_4)_2SO_4$）、氫氧化鋁（$Al(OH)_3$）、硫酸（H_2SO_4）、硫酸鋁（$Al_2(SO_4)_3$）、二氧化錳（MnO_2）

主要同位素

^{16}O（99.757%）、^{17}O（0.038%）、^{18}O（0.205%）

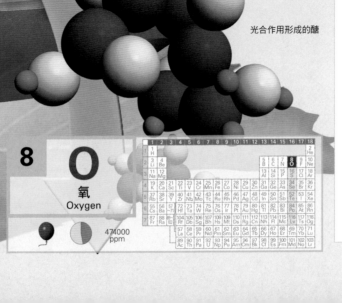

8

O

氧
Oxygen

474000
ppm

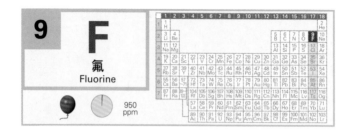

9 **F**

氟

Fluorine

950 ppm

─基本資料─

質子數	9
價電子數	7
原子量	18.998403163
熔點	-219.62
沸點	-188.14
密度	0.001696

豐度

地球	950ppm
宇宙	843
來源	螢石（墨西哥等）、冰晶石（主要產地為西格陵蘭的偉晶花崗岩礦床）
價格	36日圓（每公斤）◆ 螢石
發現者	莫瓦桑（法國）
發現年	1886年

★★★ 小知識 ★★★

元素名稱的由來

源自拉丁文的「螢石」（fluorite）。

發現時的小故事

為了分離出氟，有些科學家甚至因此中毒身亡。第一位分離成功的人是莫瓦桑，他於1906年獲得了諾貝爾獎。

主要化合物

HF、AgF、Na_3AlF_6、CaF_2、H_2SiF_6

主要同位素

^{19}F（100%）

活性高的氟

氟化氫（HF）是製造半導體時不可或缺的氟化合物，由於毒性很高，操作時得非常小心。另外，氫氟酸（氟化氫水溶液）可溶解玻璃，所以需保存在聚乙烯或鐵氟龍容器內。下圖為含氟的紫色螢石（將螢石與濃硫酸混合加熱後，可以得到氟化氫）。

經過氟碳高分子加工的平底鍋

廚具表面有氟碳高分子塗層時不會沾黏水或油，有「不易燒焦」、「易清理」等優點。

進食後口腔會轉為酸性，使牙齒內的鈣（Ca）溶解出來，而氟的「鈣化促進作用」可以抑制上述現象並預防蛀牙，故許多牙膏都會添加氟。另外，愛爾蘭與美國某些州還會在自來水中添加氟以預防民眾蛀牙（飲水加氟），但顧慮到安全性，近年已逐漸減少這種作法。

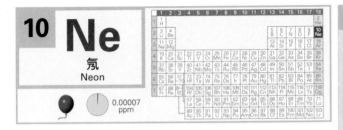

─基本資料─

質子數	10
價電子數	0
原子量	20.1797
熔點	-248.67
沸點	-246.05
密度	0.0008999

豐度	
地球	0.00007ppm
宇宙	$3.44×10^6$

來源	空氣中
價格	─
發現者	拉姆齊（蘇格蘭）與 特拉弗斯（Morris Travers，英格蘭）
發現年	1898年

★★★ 小知識 ★★★

元素名稱的由來

希臘文的「新的」（neos）。

發現時的小故事

液態空氣經分餾後，可分離出氪、氙及氖等。發現這些元素使得週期表的正確性大幅提升。

主要化合物 ─

主要同位素

^{20}Ne（90.48%）、^{21}Ne（0.27%）、^{22}Ne（9.25%）

霓虹燈管

霓虹燈

對充氖的玻璃管施加電壓，可對管內電子放電，使氖原子的電子從基態躍遷到能量較高的激發態（excited state）。當電子從激發態回到基態時會發出紅光，霓虹燈就是利用該原理製成的產品。

充入不同種類的惰性氣體，可使霓虹燈發出的光芒顏色有所不同。譬如充氦時是黃色，充氖時是紅色到藍色，充氪時是黃綠色，充氙時是藍色到綠色。過去有些鬧區因充斥著霓虹燈而有「霓虹街」之稱，不過現在已陸續汰換成LED燈了。

要阻止地球暖化可以從牛羊下手？

如果說牛是造成地球暖化的原因之一，你會怎麼想呢？牛、羊、駱駝等反芻動物都有多個胃腔，而在牠們的第 1 個胃中，平均每公克含有高達250億個微生物，可促進植物性纖維的分解發酵，並產生副產品氫。微生物群會將氫轉變成甲烷（CH_4），因此牛的「打嗝」和「放屁」都含有甲烷。研究顯示，甲烷造成的溫室效應效果是二氧化碳（CO_2）的25～28倍。

根據估計，現在地球上約有15億頭牛。牛羊等家畜所排放的甲烷，約占甲烷總排放量的15～20％，據說光是 1 頭牛在 1 天內「打嗝」與「放屁」所排出的甲烷氣體量就有160～320公升。

如何減少牛隻排放的甲烷氣體

世界各地的學者正在進行各種研究，以減少由家畜排放的甲烷氣體。譬如日本就在開發新型飼料，期望取代過去的「青貯飼料」（將割下來的牧草存放在筒倉內發酵而成的飼料）。澳洲的研究團隊也發現，「紫杉狀海門冬」（*Asparagopsis taxiformis*，又名蘆筍藻）這種海藻內的鹵素化合物（三溴甲烷）可抑制微生物生成甲烷。

此外，還有研究報告指出，擁有不同基因的個體，甲烷生成量有很大的差異。未來可能會有人提出育種計畫，從基因上篩選出甲烷排放量較低的牛來繁殖。

沉睡在海底的甲烷水合物

甲烷的來源不只是牛的「打嗝」，近年來漸受矚目的「甲烷水合物」也是其中之一。甲烷水合物是由甲烷氣體與水組成的冰狀固態物質，會一邊分解一邊冒出甲烷氣泡，又稱為「可燃冰」。甲烷水合物廣泛分布於大陸棚邊緣的海底沉積物中，日本近海也有甲烷水合物。

甲烷水合物在 1 大氣壓、$-80°C$ 以下的環境下呈固態。當溫度與壓力改變時，很快就會分解。1 立方公尺的甲烷水合物約含有160～170立方公尺（$0°C$，1 大氣壓）的甲烷氣體。計算後發現，如果水溫上升 5 ℃，就會有 2 兆噸的甲烷水合物分解。

另一方面，也有團隊計畫將這種複雜的甲烷水合物當成天然氣使用。未來將持續研究、確立開採甲烷水合物的方法。

牛的消化

牛將咀嚼過的食物吞入第 1 個胃（瘤胃）後，會再把食物送回口腔咀嚼。瘤胃是最大的胃，成牛的瘤胃可達150～200公升。牛胃內的微生物群可分解人類無法分解的纖維素，供牛隻吸收這些營養。

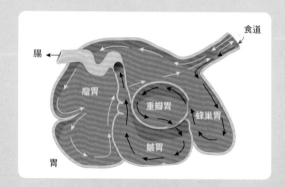

食道

腸

瘤胃

重瓣胃

蜂巢胃

皺胃

胃

來自甲烷水合物的甲烷氣體燃燒時的火焰

2013年在日本愛知縣到三重縣的外海，世界首次成功從海底開採出來的甲烷水合物中取出甲烷。上圖是開採出來的甲烷氣體燃燒時的景象（照片：JOGMEC）。

甲烷水合物的結構

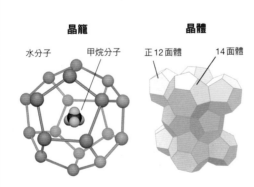

晶籠

水分子　甲烷分子

晶體

正12面體　14面體

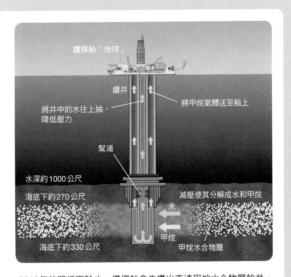

鑽探船「地球」

鑽井

將井中的水往上抽，降低壓力

將甲烷氣體送至船上

幫浦

水深約1000公尺

海底下約270公尺

減壓使其分解成水和甲烷

水

甲烷

海底下約330公尺

甲烷水合物層

由水分子構成的籠狀結構中，收納著一個甲烷分子。籠狀結構可以是完全由正五邊形組成的正12面體（左圖），也可以是由12個正五邊形與2個正六邊形組成的14面體。這兩種類型的多面體排列規律，會構成右圖般的晶體結構。

2013年的開採實驗中，鑽探船會先鑽出直達甲烷水合物層的井，用幫浦將井中的水往上抽，降低壓力。這樣可以破壞甲烷水合物的籠狀結構，使其分解成甲烷與水，鑽探船便可透過井將甲烷抽到船上。不過這種開採法有個問題 —— 要是有泥砂跑進井中就無法持續開採了。

「鈉」在神經系統內
扮演重要的角色

鈉 屬於鹼金屬，由於其活性很高，很少作為金屬材料使用。我們周遭最常見的鈉應是氯化鈉（食鹽）。氯化鈉進入體內後，會解離成鈉離子與氯離子。鈉是人體必需的無機物之一，可以維持體液與細胞的滲透壓穩定，並調整神經與肌肉的功能，還可以幫助消化。

當我們碰觸物體時，接觸的刺激會轉變成電訊號，從感覺器官傳導到神經細胞，而這個過程也與鈉息息相關。神經細胞（神經元）的軸突表面有名為「鈉離子通道」（sodium channel）的「門」。當這扇門打開時，帶正電的鈉離子會進入神經細胞內，產生電流。接著，隔壁的鈉離子通道也會打開，供鈉離子進入並產生電流。這個過程重複發生，就會將電訊號傳遞給下一個神經細胞。

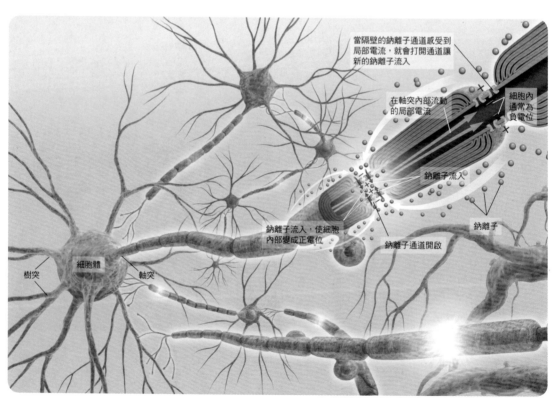

上圖為神經元的軸突傳遞電訊號的機制示意圖。圖中的電訊號由左往右傳遞。

11 Na
鈉
Sodium

23000 ppm

―基本資料―

質子數	11
價電子數	1
原子量	22.98976928
熔點	97.81
沸點	883
密度	0.971

豐度

地球	2萬3000ppm
宇宙	5.74×10^4

來源	岩鹽（世界各地）、蘇打灰（美國、波札那等）
價格	450日圓（每公斤）★ 氯化鈉
發現者	戴維（英格蘭）
發現年	1807年

★★★ 小知識 ★★★

元素名稱的由來

阿拉伯文的「蘇打」（suda）。

發現時的小故事

電解氫氧化鈉，便可分離出鈉的單質。

主要化合物

NaCl、NaOH、Na_2SO_4、$NaCO_3$、$NaHSO_4$、CH_3COONa、$NaHCO_3$、Na_3AlF_6、NaBr、Na_2SO_3

主要同位素

^{23}Na（100%）

鈉燈

隧道內常見的照明。黃色光線源自鈉的焰色反應。鈉燈有耗電量低、壽命長等優點（近年來逐漸改用白光LED）。

「鈉」源自德文

鈉是食鹽、肥皂、泡打粉、調味料、抑制胃酸之腸胃藥等的成分。鈉的元素符號（Na）之所以與英文名稱（sodium）不同，是因為前者來自德文。順帶一提，sodium的化合物就稱為「soda」（蘇打）。

專欄 COLUMN

「蘇打」是什麼

我們有時稱之為「蘇打水」的碳酸飲料，是將碳酸氣體（二氧化碳：CO_2）溶於水等液體後製成的飲料。許多鈉的化合物都叫作蘇打，這是因為以前會將小蘇打（碳酸氫鈉：$NaHCO_3$）與檸檬酸（檸檬等酸性食物）混合後產生二氧化碳，再灌入水中以製作碳酸飲料。此外，日本還有一種類似的飲品叫作「cider」，是在蘇打水中加入甜味、酸味、香氣等製成的飲料，名稱源自法文的「蘋果酒」（cidre），但只有日本人會使用這個詞。

第3週期（11～18）

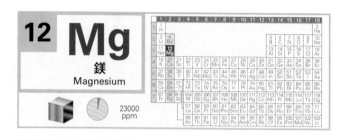

鎂

─基本資料─

質子數	12
價電子數	2
原子量	24.304～24.307
熔點	648.8
沸點	1090
密度	1.738
豐度	
地球	2萬3000ppm
宇宙	1.074×10^6
來源	白雲石（世界各地）、 菱鎂礦（中國、俄羅斯、北韓等）
價格	275日圓（每公斤）◆ 純鎂
發現者	勃拉克（蘇格蘭）
發現年	1755年

★★★ 小知識 ★★★

元素名稱的由來

希臘馬格尼西亞地區的「馬格尼西亞石」（菱鎂礦）。

發現時的小故事

第一位將鎂視為元素的人是勃拉克。1808年，戴維分離出了金屬形式的鎂，命名為「鎂」。

主要化合物

$MgCl_2$、$MgSO_4$、$Mg_3(PO_4)_2$、$MgCl(OH)$、MgO

主要同位素

^{24}Mg（78.99%）、^{25}Mg（10.00%）、^{26}Mg（11.01%）

第三輕的金屬

鎂是繼鋰（Li）、鈉（Na）之後，第三輕的金屬。鎂與鋅（Zn）、鋁等混合製成的鎂合金質輕且擁有高硬度、高強度，故常用於製作筆記型電腦的外殼，以及汽車、機車的高性能輪框等（未來很可能會應用在飛機機體或鐵道車廂）。除了上述用途之外，鎂也可用於製作煙火的火藥、鹽滷、抑制胃酸用的腸胃藥、瀉藥等。

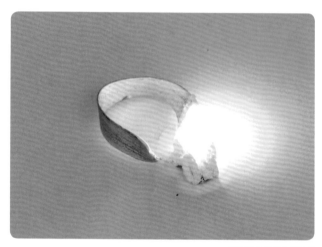

燃燒時會發出強光的鎂

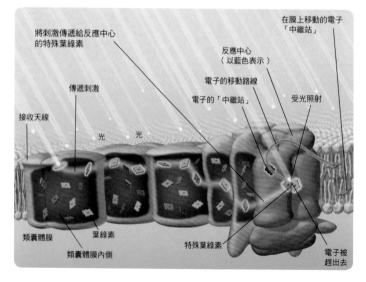

將刺激傳遞給反應中心的特殊葉綠素

在膜上移動的電子「中繼站」

反應中心（以藍色表示）

傳遞刺激

電子的移動路線

電子的「中繼站」

受光照射

接收天線

光　光

類囊體膜　葉綠素

類囊體膜內側

特殊葉綠素

電子被趕出去

鎂與光合作用

左圖所示為植物葉綠體的類囊體膜內「葉綠素」運作的過程。鎂就位於葉綠素結構的中心。

葉綠素經由接收天線接收光後會產生刺激（激發），並將刺激傳遞給其他的葉綠素，最終傳遞到位於反應中心的特殊葉綠素。當特殊葉綠素從激發態變回原本的狀態時，就會放出1個電子。葉綠素直接受光照射時，也會產生同樣的反應。光就這樣「轉變」成電子，這些電子再被用來合成有機物。

13 Al
鋁
Aluminium

82000 ppm

鋁（鋁卷）

─基本資料─

質子數	13
價電子數	3
原子量	26.9815385
熔點	660.32
沸點	2467
密度	2.6989

豐度

地球	8 萬 2000ppm
宇宙	8.49×10^4
來源	鋁土礦（幾內亞等）
價格	223 日圓（每公斤）◆ 錠
發現者	厄斯特（丹麥）
發現年	1825 年

★★★ 小 知 識 ★★★

元素名稱的由來

源自古希臘羅馬時代的明礬古名
「alumen」。

發現時的小故事

1807年，戴維從明礬中提煉出金屬
氧化物，將其命名為「鋁」。1825
年，厄斯特（Hans Oersted）成功
分離出了純金屬的鋁。

主要化合物

Al（OH）₃、Al₂（SO₄）₃、AlCl₃、
AlPO₄、Al₂O₃、AlK（SO₄）₂、
12H₂O、Na₃AlF₆、Na［Al（OH）₄］

主要同位素

^{27}Al（100%）

鋁的性質

1. 質輕
鋁的比重為2.7，是鐵的 3 分之 1 左右，相當輕。汽車與飛機常以
鋁合金（杜拉鋁）為材料。

2. 強度高
純鋁的抗拉強度不高，不過添加鎂、錳、銅後可使強度提升。

3. 抗腐蝕
鋁在空氣中會形成緻密而穩定的抗氧化表層，故可抗腐蝕。

4. 易加工
鋁易於加工，可以將其塑造成各種形狀，乃至於製成如紙張般輕薄
的鋁箔。

5. 導電
輸電線路有99%是鋁。雖然鋁的導電度沒有到非常高，但因為比重
小，與其他等重的導線相比可以傳輸好幾倍的電流。

6. 不受磁場影響
鋁為非磁性物質，不受磁場影響。相關產品包括拋物面天線、船上
的磁羅盤、電子醫療儀器等。

7. 導熱度高
鋁的導熱度為鐵的約 3 倍。該性質使鋁可以急速冷卻，故常用於冷
暖氣裝置或引擎零件。

8. 耐低溫
鋁即使處在液態氮（－196℃）這種極低溫環境下也不會受損。該
特性在太空科技研發等領域亦備受矚目。

9. 反射光與熱
研磨過的鋁可反射紅外線、紫外線及各種電磁波，故可用於製作暖
氣的反射板、照明器具、太空衣等。

10. 無毒
鋁無毒無味。不像重金屬那樣會危害人體、汙染土壤，故可用於製
作食品或醫藥品的包裝。

參考資料：社團法人日本鋁協會

曾是稀有金屬的鋁

19世紀中期開始才有辦法工業生產金屬鋁，當時鋁是
非常貴重的金屬。金屬鋁為銀白色，有質輕、易加工等
特性。鋁在空氣中氧化後，其表面會形成薄薄一層氧化
保護膜，保護內部的鋁不會與氧反應，所以也不容易
腐蝕。

鋁在日常生活中隨處可見，譬如罐裝飲料、食品用鋁箔、硬幣（1
日圓）、汽車材料等。另外，以氫氧化鋁乾凝膠為主成分的藥劑，
可用於治療潰瘍、胃炎，還有預防尿道結石的功能。

為高度資訊化社會奠基的「矽」

地球由外而內，大致上可以分成地殼、地函、地核。其中，最外面一層如薄皮般覆於表面的地殼以及占地球體積80%的地函，皆含有大量的矽。其中，尤以地殼內的矽含量僅次於氧（O），占了地殼總重的27.7%。光是矽與氧就合占地殼內元素的8成，地殼內也有許多以矽、氧的化合物為主成分的礦物。

窗戶玻璃、餐具等以一般玻璃為原料的物品都含有矽。此外，半導體（參見第92頁）也是矽的代表性產品。矽的導電度會受到光的有無、溫度高低、雜質含量等因素影響。特別是當溫度較高時，矽的導電度會隨之提升。LSI（大型積體電路）就是利用這種半導體性質開發出來的產品，現在的電腦與各種電子產品都有使用到。

太陽能電池

單電池

單電池由上層與
下層構成。

太陽能電池

太陽能電池的本體由「單電池」（cell）構成，而單電池的材料以矽的晶體最為常見。單電池內部可分為2層，含有些許雜質。單電池受光時，上下層的交界處會產生自由電子與電洞（electron hole，電子的「空位」），上層會逐漸累積自由電子，下層則逐漸累積電洞，使電壓增加。若以外部電路連接上下層，那麼自由電子會先流出至外部電路，再回到含有電洞的下層。太陽能電池即是以由此產生的電流來驅動家電產品。

LSI
（大型積體電路）
在「晶圓」（wafer）這種圓盤狀矽板上，堆疊著1000個以上的元件，形成複雜的電路。

14	**Si**
	矽
	Silicon

277100 ppm

矽的三類形態

以自然界礦物（矽酸鹽礦物）加工而成的產品
玻璃、水泥、矽膠（乾燥劑）、陶瓷

利用矽單質的產品
太陽能電池、半導體

經化學處理，與碳結合而成的產品（有機矽化合物）
軟式隱形眼鏡、髮蠟、人工血管、耐溶劑軟管、絕緣體、油狀物質、膠狀物質、樹脂狀物質（矽利康）、熱媒、消泡劑、脫模劑

─ 基本資料 ─

質子數	14
價電子數	4
原子量	28.084〜28.086
熔點	1410
沸點	2355
密度	2.3296
豐度 地球	27萬7100ppm
宇宙	1.00×10^6
來源	石英等（存在於許多岩石）
價格	154日圓（每公斤）◆ 矽石（二氧化矽）
發現者	貝吉里斯（瑞典）
發現年	1824年

★★★ 小知識 ★★★

元素名稱的由來
英文名稱源自拉丁文的「打火石」（silicis或silex）。

發現時的小故事
混合氟化矽與金屬鉀後，成功分離出矽。

主要化合物
石英（SiO_2）、碳化矽（SiC）、六氟矽酸（H_2SiF_6）、矽酸鈉（Na_2SiO_3）

主要同位素
^{28}Si（92.223%）、^{29}Si（4.685%）、^{30}Si（3.092%）

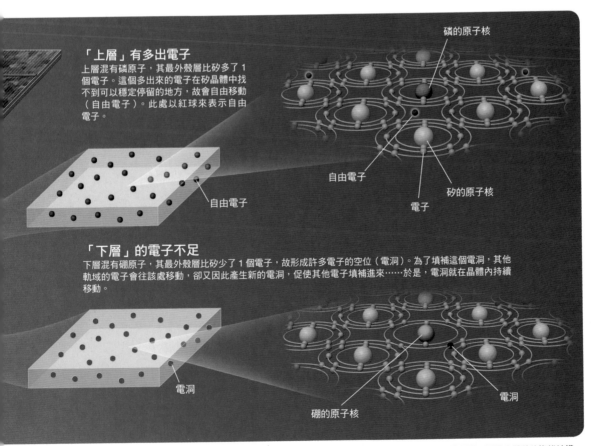

「上層」有多出電子
上層混有磷原子，其最外殼層比矽多了1個電子。這個多出來的電子在矽晶體中找不到可以穩定停留的地方，故會自由移動（自由電子）。此處以紅球來表示自由電子。

磷的原子核
自由電子
矽的原子核
電子
自由電子

「下層」的電子不足
下層混有硼原子，其最外殼層比矽少了1個電子，故形成許多電子的空位（電洞）。為了填補這個電洞，其他軌域的電子會往該處移動，卻又因此產生新的電洞，促使其他電子填補進來……於是，電洞就在晶體內持續移動。

電洞
硼的原子核
電洞

＊插圖僅為示意圖。實際上並非平面，而是立體狀的複雜結構。

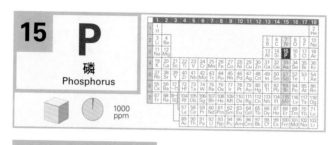

—基本資料—

質子數	15
價電子數	5
原子量	30.973761998
熔點	44.2
沸點	280
密度	1.82（白磷）

豐度

地球	1000ppm
宇宙	1.04×10^4
來源	磷灰石等（摩洛哥等）
價格	21 日圓（每公斤）◆ 礦石
發現者	布蘭德（德國）
發現年	1669年

★★★ 小知識 ★★★

元素名稱的由來

源自希臘文的「光」（phos）與「攜帶者」（phoros）。

發現時的小故事

布蘭德分析人尿時分離出磷。從人體發現磷是極為罕見的例子。

主要化合物

（NH₄）₃PO₄、Mg₃（PO₄）₂、AlPO₄、H₃PO₄、P₄O₁₀、Ca₃（PO₄）₂、P₂O₅

主要同位素

^{31}P（100%）

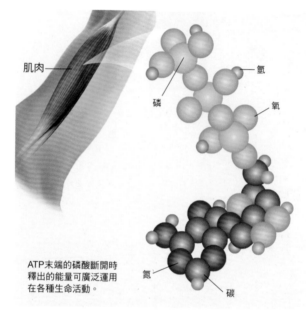

肌肉

氫

磷

氧

氮

碳

ATP 末端的磷酸斷開時釋出的能量可廣泛運用在各種生命活動。

生物不可或缺的元素

磷是火柴的點火劑，還可用作農作物的肥料。另外，磷對生物來說是不可或缺的元素：譬如磷是 DNA 等遺傳物質的重要成分，磷酸鈣則是骨骼與牙齒的重要成分。用於驅動肌肉活動的能量來 源 —— ATP（三磷酸腺苷），也是磷酸的化合物。

專欄 COLUMN 火柴的誕生

世界最早的火柴是英國的沃克（John Walker，1781～1859）於1826年發明。隔年，他以「friction light」為名進行販售而聞名，但這種火柴因不易點燃而不受好評。1830年，法國的蘇利亞（Charles Sauria，1812～1895）發明了「黃磷火柴」，因其容易點燃而廣受歡迎。但由於黃磷會自燃，且其毒性也有健康疑慮，所以後來被全世界禁止使用。直到28年後，活性與毒性較低的「紅磷火柴」才誕生。紅磷火柴的頭部塗有氯酸鉀（KClO₃）製成的頭劑，火柴盒側面塗有紅磷製成的側劑，以火柴棒劃過盒身就能點燃火柴。這種火柴由瑞典的倫德斯特勒姆（Johan Edvard Lundström，1815～1888）發明，故也以「瑞典式火柴（安全火柴）」之名享譽全世界。目前看到的火柴都是這種紅磷火柴。

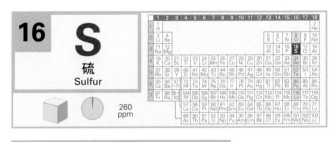

16	**S** 硫 Sulfur

260 ppm

硫的晶體

─基本資料─

質子數 16	價電子數 6

原子量 32.059～32.076
熔點 112.8（α）、119.0（β）
沸點 444.674（β）
密度 2.07（α）、1.957（β）
豐度
地球 260ppm　　宇宙 5.15×10⁵

來源 石膏等（石膏是最常見的硫酸鹽礦物）
價格 15日圓（每公克）★
發現者 ─　　發現年 ─

★★★ 小 知 識 ★★★

元素名稱的由來
源自拉丁文的「硫磺」（sulpur），這個字又源自梵文的「火源」（sulvere）。

發現時的小故事
自然界存在大量硫的晶體，自古以來就知道硫的存在。指出硫是元素的人是拉瓦節。

主要化合物
H_2S、SO_2、$(NH_4)_2SO_4$、H_2SO_4、$Al_2(SO_4)_3$、Na_2SO_4、$MgSO_4$、$CuSO_4$、$AlK(SO_4)_2$、H_2SO_3

主要同位素
^{32}S（94.99%）、^{33}S（0.75%）、^{34}S（4.25%）、^{36}S（0.01%）

汽車輪胎

輪胎用的橡膠中會添加硫與碳（C），藉此分別提升橡膠的彈力與強度。也就是說，在市區內行駛的汽車輪胎中含有數％的硫。硫還可以用於製作火柴、火藥，或作為某些藥品的原料。另外，人類必需胺基酸中的甲硫胺酸及半胱胺酸也都含有硫。

北海道硫磺山（atusa-nupuri）

17 **Cl**
氯
Chlorine

130 ppm

含氯消毒劑

─基本資料─

質子數 17　　價電子數 7
原子量 35.446～35.457
熔點 -101.0
沸點 -33.97　　密度 0.003214
豐度
地球 130ppm　　宇宙 5240
來源 岩鹽等（岩鹽遍布全世界）
價格 8.6日圓（每公克）★
過氯酸
發現者 舍勒（瑞典）　發現年 1774年

★★★ 小知識 ★★★

元素名稱的由來

源自希臘文的「黃綠色」（chloros）。

發現時的小故事

混合二氧化錳與鹽酸，便可分離出氯。當初認為氯是化合物。

主要化合物

HCl、$NaCl$、$MnCl_2$、$BaCl_2$、NH_4Cl、$MgCl_2$、$AlCl_3$、CCl_4、KCl、$CaCl(OH)$

主要同位素

^{35}Cl（75.76%）、^{37}Cl（24.24%）

超強氧化力與殺菌力

氯具有很強的氧化力與殺菌力，因此可作為衣服、餐具的漂白劑，以及飲用水、游泳池等的消毒劑（最上圖）。胃分泌的胃酸也含有氯（鹽酸），可幫食物殺菌，讓胃保持酸性以利消化酶作用。另外，氯的化合物還可用於製作保鮮膜（聚偏二氯乙烯）、游泳圈、塑膠軟管及水管（聚氯乙烯）等，用途十分廣泛。

專欄
COLUMN
胃藥的作用原理

如果長時間精神壓力大、持續性暴飲暴食，有時就會出現「胃酸過多」的疾病。當胃酸過多時，即使胃內沒有食物，胃也會分泌大量胃酸，造成胸口灼熱、胃痛，甚至引發胃炎等其他疾病。胃酸過多時可服用的胃藥當中，有一類屬於制酸劑※。制酸劑的主成分為碳酸氫鈉（$NaHCO_3$）。服用後，碳酸氫鈉會在胃中分解出碳酸氫根離子（HCO_3^-），與胃酸中的氫離子（H^+）結合成碳酸（H_2CO_3），再分解成水與二氧化碳（中和反應），這可以讓胃中的水分pH值暫時提高至5～7，緩解胸口灼熱與胃痛。

※：胃藥可分為健胃劑、消化藥、制酸劑。制酸劑含有抑制胃酸分泌（組織胺H2受體拮抗劑）的成分，或保護胃黏膜的功能。

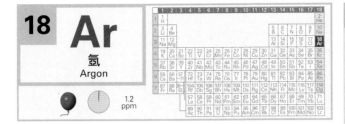

基本資料

質子數	18
價電子數	0
原子量	39.948
熔點	-189.3
沸點	-185.8
密度	0.001784
豐度	
地球	1.2ppm
宇宙	1.04×10^5
來源	空氣中
價格	880日圓（每立方公尺）♣
發現者	瑞利（英格蘭）
發現年	1894年

★★★ 小知識 ★★★

元素名稱的由來

希臘文的「懶惰的人」（argos）。

發現時的小故事

1892年，英國科學家瑞利（John Rayleigh）發表論文，暗示氬的存在。讀到這篇論文的拉姆齊加入研究，成功從大氣中分離出新氣體，並命名為「氬」。

主要化合物 ─

主要同位素

^{36}Ar（0.3336%）、^{38}Ar（0.0629%）、^{40}Ar（99.6035%）

無味、無色、無臭的氣體

氬比空氣重1.4倍，是無味、無色、無臭的氣體（單原子）。與同為惰性氣體的氦（He）、氖（Ne）相比，氬在空氣中的含量更多。

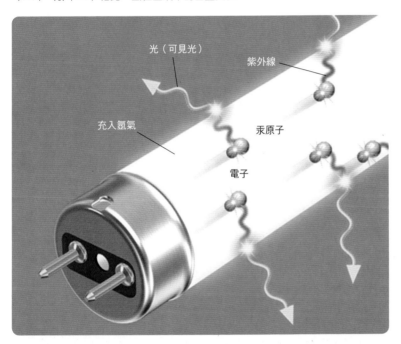

光（可見光）

紫外線

充入氬氣

汞原子

電子

（↖）用來填充日光燈的氬

日光燈充有氬氣與汞蒸氣。電極放電時，移動的電子會撞擊到汞原子，並產生紫外線。燈管內側的螢光塗料被紫外線照射時，就會產生白色可見光（人眼可見波長的光）。

（←）電弧焊接

焊接是讓金屬板與鎢製電極棒之間產生火花（弧放電），利用此時產生的熱來熔化金屬，用以接合零件。為了防止熔化的金屬與周遭空氣（氮、氧）反應，須向焊接處噴出難以和其他物質反應的氬等氣體。

發現鉀的
戴維

英 國的外科醫生卡萊爾（Anthony Carlisle，1768～1840）與化學家尼科爾森（William Nicholson，1753～1815）在1800年的一次實驗中，組裝了剛問世不久的伏打堆（voltaic pile）。組裝完電池後，卡萊爾與尼科爾森為了確保電池電極與導線的接觸良好，而在接觸部分滴 1 滴水，然後就接上電路並通電進行實驗[※]。

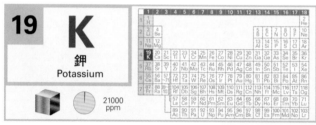

19 K

鉀
Potassium

21000 ppm

鉀是金屬元素，屬於鹼金屬。金屬鉀在空氣中會自燃，必須浸泡在石油內保存。

― 基本資料 ―

質子數	19
價電子數	1
原子量	39.0983
熔點	63.65
沸點	774
密度	0.862

豐度
地球 2萬1000ppm
宇宙 3770
來源 鉀石鹽、光鹵石
　　　（加拿大、俄羅斯等）
價格 35日圓（每公斤）◆
　　　氯化鉀
發現者 戴維（英格蘭）
發現年 1807年

★★★ 小知識 ★★★

元素名稱的由來
阿拉伯文的「鹼」（qali）。

發現時的小故事
電解氫氧化鉀後分離出來。

主要化合物
KNO_3、KCl、KBr、KI、$AlK(SO_4)_2$、$KMnO_4$、$K_2Cr_2O_7$、K_2SO_4、$K_3[Fe(CN)_6]$、K_3PO_4

主要同位素
^{39}K（93.2581%）、^{40}K（0.0117%）、^{41}K（6.7302%）

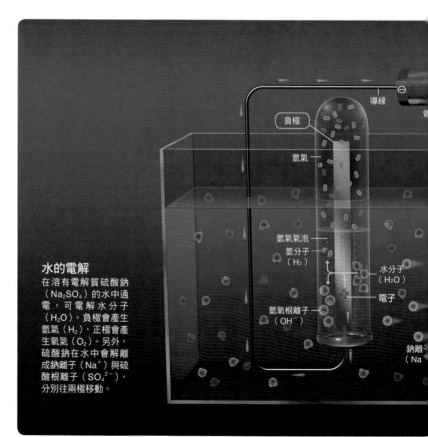

水的電解
在溶有電解質硫酸鈉（Na_2SO_4）的水中通電，可電解水分子（H_2O）。負極會產生氫氣（H_2），正極會產生氧氣（O_2）。另外，硫酸鈉在水中會解離成鈉離子（Na^+）與硫酸根離子（SO_4^{2-}），分別往兩極移動。

導線
負極
氫氣
氫氣氣泡
氫分子（H_2）
水分子（H_2O）
電子
氫氧根離子（OH^-）
鈉離子（Na

在通電實驗的過程中，卡萊爾與尼科爾森偶然注意到水滴內產生了無數個小氣泡。這些只有當電流流經水滴時才會產生的氣泡是氫氣。

知道水通電後會分解成氫（與氧）之後，許多研究者紛紛嘗試讓電流通過各種液體。英國化學家戴維（Humphry Davy，1778～1829）也是其中一人。戴維認為只要通以很強的電流，不管是什麼物質應該都可以分解才對，於是他串聯了250個電池來做實驗。

1807年，戴維對加熱熔化的草木灰（草木燃燒後的灰燼，主成分為氫氧化鉀）通電後，發現了鉀。

※：伏打堆是義大利科學家伏打（Alessandro Volta，1745～1827）於1800年發明的世界第一個電池。當時為了改善電路接觸的通電情況，常會在接觸部分滴水。

鉀是「肥料三要素」之一

鉀與氮（N）、磷（P）同為植物體內含量相當高的元素，植物肥料中大多含有這些元素的化合物（稱為肥料三要素）。鉀的化合物還可用於製造點燃火柴的氧化劑（頭劑）、肥皂、煙火、消毒劑、生理食鹽水等。

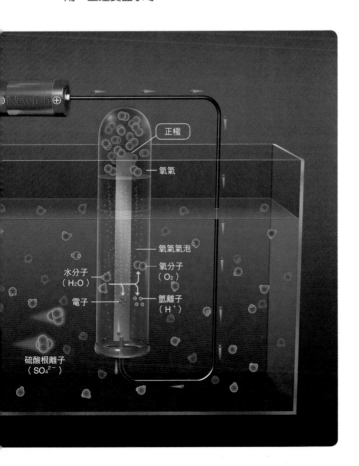

正極

氧氣

氧氣氣泡

水分子（H_2O）

氧分子（O_2）

電子

氫離子（H^+）

硫酸根離子（SO_4^{2-}）

戴維
（1778～1829）

發現離子的法拉第（Michael Faraday，1791～1867）的老師。戴維除了發現鉀之外，也發現鈉、鈣、鍶、鋇、鎂等元素。是歷史上唯一在生涯中發現六種自然存在元素的科學家。

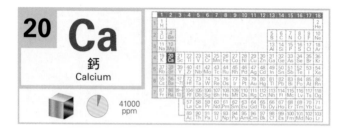

20 Ca
鈣
Calcium

41000 ppm

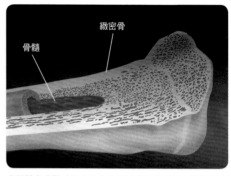

緻密骨

骨髓

形成骨骼的鈣（→）

鈣是生成骨骼（右圖）、肌肉收縮時的必要元素。工業生產的石膏、水泥等產品都含有鈣。石灰岩與大理岩等的主成分碳酸鈣亦為鈣的化合物。

我們體內骨骼（緻密骨）的主成分是磷酸鈣。破骨細胞可溶解骨骼中的鈣並釋出至血液中，幫助激素的作用。

由鈣創造出來的絕景

中國四川省北部的峽谷「黃龍溝」有3300個彩池如階梯般層層相連，來自山頂（雪寶頂）的水流洩而下，閃耀著藍綠色的光芒。這種不可思議的景觀是過去堆積在海中的石灰岩風化而成。石灰岩有被酸性雨水溶解的性質。山區降雨或雪水會溶解大量石灰岩（碳酸鈣）並形成地下水，再從黃龍溝的水源處湧出。這些水在河川內流動時，碳酸鈣會逐漸析出，使彩池邊緣慢慢擴大。同樣的地形也出現在土耳其的棉花堡、日本山口縣秋芳洞的「百枚皿」。

─基本資料─

質子數	20
價電子數	2
原子量	40.078
熔點	839
沸點	1484
密度	1.55
豐度	
地球	4萬1000ppm
宇宙	6.11×10^4

來源	石灰、方解石
	（以石灰岩形式存在於世界各地）
價格	5.7日圓（每公克）★
	氧化鈣
發現者	戴維（英格蘭）
發現年	1808年

★★★ 小知識 ★★★

元素名稱的由來

拉丁文的「石灰」（calx）。

發現時的小故事

戴維電解石灰時發現，並將其命名為「鈣」。

主要化合物

Ca（OH）$_2$、CaCl（OH）、CaF$_2$、CaSO$_4$、Ca$_3$（PO$_4$）$_2$、

CaCO$_3$、CaO、CaC$_2$、CH$_3$（CH$_2$）$_{16}$COOCa

主要同位素

^{40}Ca（96.941%）、^{42}Ca（0.647%）、^{43}Ca（0.135%）、^{44}Ca（2.086%）、^{46}Ca（0.004%）、^{48}Ca（0.187%）

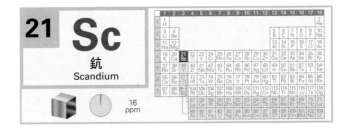

21 Sc
鈧
Scandium

16 ppm

鈧

豐度低，價格高

鈧在化學性質上與鋁（Al）類似。熔點略高於鋁，但豐度低、價格高，所以並未積極開發其相關用途。

釣烏賊漁船的集魚燈
戶外運動設施、集魚燈所使用的金屬鹵素燈，通常會填充汞（Hg）、鈧、鈉（Na）等。燈內的金屬組合不同時，燈的發光效率、壽命、光色等特性也會有所差異（近年來已逐漸改用LED集魚燈）。

―基本資料―

質子數	21	來源	鈧釔石
價電子數	3		（挪威、俄羅斯等）
原子量	44.955908	價格	5萬7600日圓
熔點	1541		（每公克）★
沸點	2831		三氟化鈧
密度	2.989	發現者	尼爾森（瑞典）
豐度		發現年	1879年
地球	16ppm		
宇宙	33.8		

元素名稱的由來

拉丁文的「瑞典」（scandia）。

發現時的小故事

尼爾森（Lars Nilson）從矽鈹釔礦中發現鈧並為其命名。克雷威（Per Cleve，瑞典）指出該元素就是門得列夫曾經預言過的未知元素。

主要化合物 ―

主要同位素

^{45}Sc（100%）

137

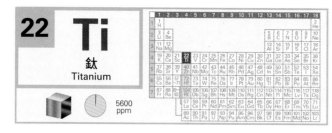

22	**Ti**
	鈦
	Titanium

5600 ppm

鈦擁有高強度、質輕、抗鏽等優點，可用於製作眼鏡框、高爾夫球桿。鈦合金易加工、抗腐蝕，在現代和鋁（Al）一樣是用途廣泛的金屬。

─基本資料─

質子數	22
價電子數	－
原子量	47.867
熔點	1660
沸點	3287
密度	4.54

豐度	
地球	5600ppm
宇宙	2400
來源	金紅石、鈦鐵礦（印度等）
價格	1192日圓（每公斤）◆ 塊狀或粉末
發現者	格勒戈爾（英格蘭）、克拉普羅特（德國）
發現年	1791年

★★★ 小知識 ★★★

元素名稱的由來
源自希臘神話中的巨人「泰坦」（Titan）。

發現時的小故事
牧師格勒戈爾（William Gregor）從河砂中蒐集到某種黑色物質，研究後發現這個未知元素。鈦是由克拉普羅特（Martin Klaproth）為其命名。

主要化合物 －
主要同位素
^{46}Ti（8.25%）、^{47}Ti（7.44%）、^{48}Ti（73.72%）、^{49}Ti（5.41%）、^{50}Ti（5.18%）

鈦的化合物二氧化鈦（TiO_2）能發揮兩種效果：受光時可分解污垢的「光觸媒效應」與常保表面濕潤的「親水性」，故常應用於浴室地板、房屋外牆的塗層等。

TOTO的海潔特賽樂（HYDROCERA）系列產品使用光觸媒材質，有優異的抗菌、抗病毒效果，且易於清潔。

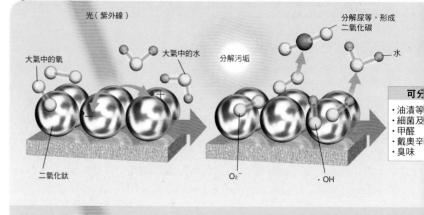

光（紫外線）

大氣中的氧

大氣中的水

分解污垢

分解尿等，形成二氧化碳

水

二氧化鈦

O_2^-

·OH

可分
·油漬等
·細菌及
·甲醛
·戴奧辛
·臭味

光觸媒分解（圖上半）

二氧化鈦受光（紫外線）時，其表面會產生電子（－）與電洞（＋），分別與空氣中的氧及水反應，並生成O_2^-與·OH（羥自由基）。這些物質可以分解物體表面的汙垢（最後生成二氧化碳與水）。

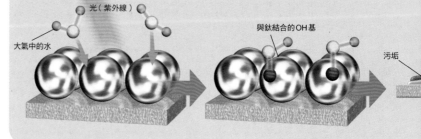

光（紫外線）

與鈦結合的OH基

大氣中的水

污垢

超親水性（圖下半）

二氧化鈦的氧原子可吸引空氣中的水。當水失去氫原子，就會生成親水的OH－基（羥基）。其他水分子會設法介入污垢與具超親水性的二氧化鈦之間，因此能夠輕易去除污垢。

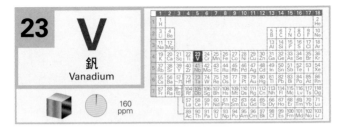

23	V
	釩
	Vanadium

160 ppm

―基本資料―

質子數 23
價電子數 ―
原子量 50.9415
熔點 1887
沸點 3377
密度 6.11
豐度
地球 160ppm
宇宙 295
來源 鉀釩鈾礦、綠硫釩礦（中國等）
價格 2486日圓（每公克）◆
　釩鐵（FeV）
發現者 德爾里奧（西班牙）、塞弗斯特瑞姆（瑞典）
發現年 1801年、1830年

耐蝕、耐熱性高的堅硬元素

釩是相當堅硬的元素，又有耐腐蝕、耐熱等優點，故單質釩常用於製作化學工廠的管線。添加釩的鋼鐵可用於製造汽車車體、引擎以及核反應器的渦輪機等。釩與鈦的合金質輕、強度高、不容易變質，故也是打造飛機的重要材料（引擎、駕駛艙的玻璃窗框等）。

★★★ 小知識 ★★★

元素名稱的由來
斯堪地那維亞神話中司掌愛與美的女神「凡娜狄斯」（Vanadis）。

發現時的小故事
西班牙的德爾里奧（Andrés Del Río）先發現釩，卻遭法國化學家指出錯誤而撤回研究報告。不過，塞弗斯特瑞姆（Nils Sefström，瑞典）後來再次發現釩，證明德爾里奧的研究正確無誤。

主要化合物
V_2O_5、$VOSO_4$

主要同位素
^{50}V（0.250%）、^{51}V（99.750%）

世界著名的毒蕈毒蠅傘（*Amanita muscaria*）及部分海鞘可以在體內累積、濃縮釩。

渦輪機葉片（內側）

飛機引擎

水

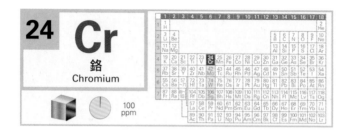

花生等豆類與糙米含有大量三價鉻，據說有預防或改善糖尿病的效果。另一方面，六價鉻則對人體有毒。

耐久性優異的鉻

水槽的材料通常是不鏽鋼，而不鏽鋼就是鐵（Fe）與鉻的合金。由於鉻有優異的耐蝕性，所以常鍍在其他金屬上。

─基本資料─

質子數	24
價電子數	一
原子量	51.9961
熔點	1860
沸點	2671
密度	7.19
豐度	
地球	約100ppm
宇宙	1.34×10^4

來源	鉻鐵礦、鉻鉛礦
	（哈薩克、南非、印度等）
價格	1119日圓（每公斤）◆
	塊狀或粉末
發現者	沃克蘭（法國）
發現年	1797年

★★★ 小知識 ★★★

元素名稱的由來

希臘文的「顏色」（chroma）。

發現時的小故事

沃克蘭（Louis-Nicolas Vauquelin）在西伯利亞產的鉻鉛礦中，發現鉻的氧化物。他將鉻的氧化物還原，分離出了鉻金屬。

主要化合物

$K_2Cr_2O_7$、Ag_2CrO_4、$PbCrO_4$、CrO、Cr_2O_3、CrO_3

主要同位素

^{50}Cr（4.345%）、^{52}Cr（83.789%）、^{53}Cr（9.501%）、^{54}Cr（2.365%）

已知在水深4000～6000公尺的海底，沉積著許多由錳凝結而成的礦物，稱為「錳核」。

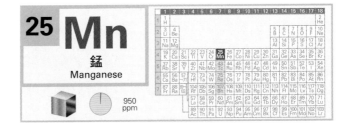

25 Mn

錳
Manganese

950 ppm

錳比鐵還要硬，卻相當脆。在鐵中添加錳可製成錳鋼，相當耐衝擊、耐磨損，可製成履帶的零件等。

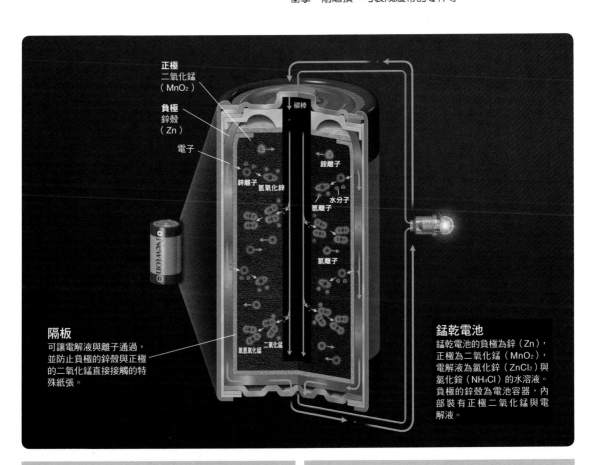

正極
二氧化錳
（ MnO_2 ）

負極
鋅殼
（ Zn ）

電子

碳棒

鋅離子

氫氧化鋅

銨離子

水分子

氫離子

氯離子

氯氫氧化錳

二氧化錳

隔板
可讓電解液與離子通過，並防止負極的鋅殼與正極的二氧化錳直接接觸的特殊紙張。

錳乾電池
錳乾電池的負極為鋅（Zn），正極為二氧化錳（ MnO_2 ），電解液為氯化鋅（ $ZnCl_2$ ）與氯化銨（ NH_4Cl ）的水溶液。負極的鋅殼為電池容器，內部裝有正極二氧化錳與電解液。

―基本資料―

質子數	25	來源	軟錳礦、黑錳礦、海底的錳核（南非等）
價電子數	一		
原子量	54.938044	價格	35日圓（每公斤）◆礦石
熔點	1244		
沸點	1962	發現者	甘恩（瑞典）
密度	7.44	發現年	1774年
豐度			
地球	950ppm		
宇宙	9510		

★★★ 小知識 ★★★

元素名稱的由來
源自拉丁文「磁鐵」（magnes）。1808年克拉普羅特（德國）提議改名為「manganese」，以免與鎂（magnesium）搞混。

發現時的小故事
舍勒從軟錳礦中發現新元素。舍勒的朋友甘恩（Johan Gahn）成功分離出了金屬單質。

主要化合物
MnO_2、$MnCl_2$、$KMnO_4$、MnS

主要同位素
^{55}Mn（100%）

人類文明根基的 金屬元素「鐵」

鐵礦石（磁鐵礦）

　　鐵是容易塑形又堅硬的金屬。鐵（鋼[※]）可用於製作汽車或船舶的本體、鐵路軌道、建築物的鋼骨與鋼筋等，用途相當廣泛，是維繫人類生活的核心金屬元素。

　　鐵離子化傾向相對偏高，有容易氧化（生鏽）的缺點，而鍍鋅是克服這種缺點的方法之一。鍍鋅鐵（galvanized iron）是在鐵的表面鍍上一層鋅（Zn），使其比較不容易氧化。另外，鐵與鉻（Cr）的合金稱為不鏽鋼，是種不容易生鏽的金屬材料，用途廣泛。

　　我們的體內也存在微量的鐵。讓紅血球呈現紅色的蛋白質色素血紅素中，裡面就有鐵（鐵原子）與4個氮原子（N）緊密結合在一起。含有鐵原子的血紅素，在含氧量豐富的環境下能與氧（O）結合，在缺氧環境下則會與氧分離。正因為有該性質，血紅素才能藉鐵將肺吸入的氧運送到身體各部位。

※：一般來說，含碳量0.02～2.0%的鐵稱為「鋼」。

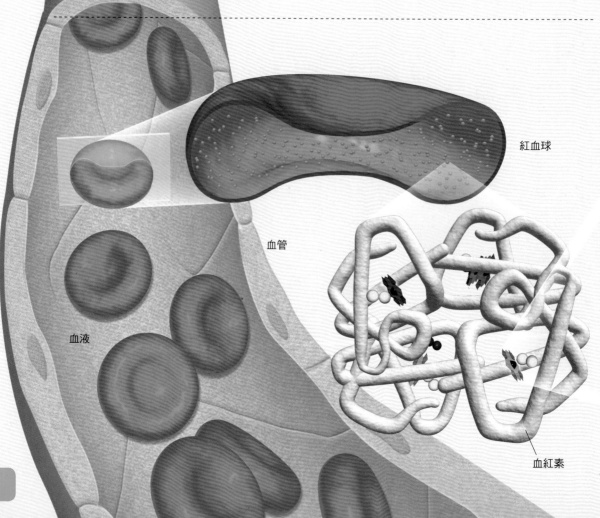

紅血球

血管

血液

血紅素

26 Fe

鐵
Iron

41000 ppm

─基本資料─

質子數 26
價電子數 ─
原子量 55.845
熔點 1535
沸點 2750
密度 7.874
豐度
　地球 4萬1000ppm
　宇宙 $9.00×10^5$
來源 赤鐵礦、磁鐵礦
　　　（中國、烏克蘭、俄羅斯等）
價格 8.4日圓（每公斤）◆
　　　礦石
發現者 ─
發現年 ─

★★★ 小知識 ★★★

元素名稱的由來

源自凱爾特語族古語，意為「神聖
金屬」。

發現時的小故事

西元前5000年左右人類就已經在
使用鐵。

主要化合物

硫酸鐵（II）（$FeSO_4$）、硫化鐵（II）
（FeS）、磁鐵礦（Fe_3O_4）、赤鐵
礦氧化鐵（III）（Fe_2O_3）、氫氧化鐵
（III）（Fe（OH）$_3$）、氫氧化鐵（II）
（Fe（OH）$_2$）、鐵氰化鉀
（K_3[Fe（CN）$_6$]）、氯化鐵（III）
（$FeCl_3$）

主要同位素

^{54}Fe（5.845%）、^{56}Fe（91.754%）、
^{57}Fe（2.119%）、^{58}Fe（0.282%）

我們體內的鐵來自於攝取
的食物。富含鐵的食物包
括動物肝臟、沙丁魚、菠
菜、牛蒡、海苔等。

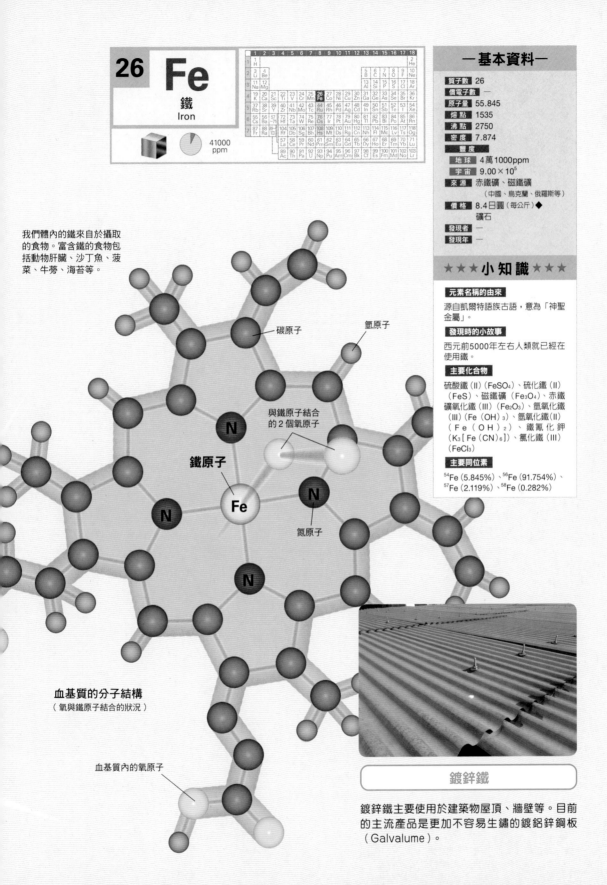

碳原子

氫原子

與鐵原子結合
的2個氧原子

鐵原子

N

Fe

N

N

N

氮原子

血基質的分子結構
（氧與鐵原子結合的狀況）

血基質內的氧原子

鍍鋅鐵

鍍鋅鐵主要使用於建築物屋頂、牆壁等。目前
的主流產品是更加不容易生鏽的鍍鋁鋅鋼板
（Galvalume）。

27 **Co**
鈷
Cobalt

20
ppm

輝鈷礦

一基本資料一

質子數	27
價電子數	—
原子量	58.933194
熔點	1495
沸點	2870
密度	8.90

豐度

地球	20ppm
宇宙	2250
來源	砷鈷礦、輝鈷礦（剛果、古巴等）
價格	5.7日圓（每公克）◆ 塊狀／粉末／碎屑
發現者	布朗特（瑞典）
發現年	1735年

★★★ 小 知 識 ★★★

元素名稱的由來

德國民間傳說中的「山中精靈」（kobold），也可能源自希臘文的「礦山」（kobalos）。

發現時的小故事

西元前已有人使用含鈷顏料為玻璃或陶器上色，但一直不曉得鈷是顏色的來源。1735年，瑞典的布朗特（Georg Brandt）成功分離出鈷。1780年，貝里曼（Torbern Bergman）確認這是一個新元素。

主要化合物

$CoCl_2$

主要同位素

^{59}Co（100%）

霍巴隕鐵
於納米比亞發現的隕鐵，長寬各約2.7公尺，高約0.9公尺，重約60噸。1955年被當地政府指定為國家紀念物。

以含鈷顏料繪製的「青花瓷」。

用來著上藍色的色素

鈷是提煉銅（Cu）、鎳等時的副產品。自古以來使用含有鈷的藍色色素為陶器或玻璃等物著色。電子產品或油電混合車中不可或缺的鋰離子電池也有用到鈷。

鈷也是構成維生素B12的核心元素。可抑制充血的眼藥水中就含有維生素B12（呈現粉色）。

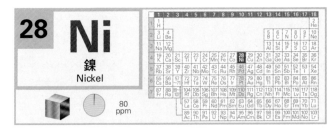

28 Ni
鎳
Nickel

80 ppm

ー基本資料ー

質子數	28
價電子數	—
原子量	58.6934
熔點	1453
沸點	2732
密度	8.902
豐度	
地球	約80ppm
宇宙	$4.93×10^4$
來源	紅土、硫化物礦等（加拿大、新喀里多尼亞等）
價格	1.2日圓（每公克）◆　塊狀
發現者	克隆斯戴（瑞典）
發現年	1751年

★★★ 小知識 ★★★

元素名稱的由來
源自德文的「銅的惡魔」（Kupfernickel）。某些鎳的礦石有著與銅礦石相似的紅色外表，但卻提煉不出銅，提煉時還會產生有毒的蒸氣，因而得名。

發現時的小故事
1751年，克隆斯戴（Axel Cronstedt）成功分離出鎳，並確認該元素與上述礦物中的主要成分相同。

主要化合物
$NiCl_2$、$NiSO_4$、NiS

主要同位素
^{58}Ni（68.077%）、^{60}Ni（26.223%）、^{61}Ni（1.1399%）、^{62}Ni（3.6346%）、^{64}Ni（0.9255%）

來自太空的隕石幾乎都是由鐵與鎳構成的「隕鐵」（鐵隕石）。人類首次接觸到的金屬鐵可能就是隕鐵，譬如古埃及就是將隕鐵當成飾品的原料。

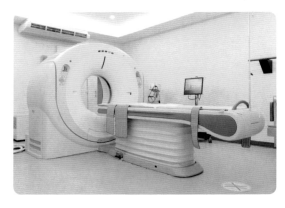

從硬幣到宇宙

鎳的合金有很多種。譬如10元新臺幣硬幣，就是鎳與銅的合金※。MRI（磁振造影裝置：左圖）的磁屏蔽罩就是用鎳與鐵（Fe）的合金製成。

※：5元與10元新臺幣硬幣，都含有75%的銅與25%的鎳。50元新臺幣硬幣則由92%的銅、6%的鋁及2%的鎳構成。

從鍋具到佛像
隨處可見的「銅」

銅 是最早進入人類生活的元素之一。譬如早在西元前8800年左右，伊拉克北部就有人用自然銅製作許多小珠子。日本出土的銅鐸※是在2000年前左右的彌生時代製成的青銅器。由銅與錫（Sn）混合而成的青銅（bronze），其硬度明顯比銅的單質還要高。而且青銅可在相對低溫下熔化，所以憑藉當時的技術就足以用鑄模來製作各種造型的青銅。

銅擁有「延展性佳」、「是導熱及導電度次高的金屬」等特性，可用於製作廚具、電線。另外，銅與鋅（Zn）的合金「黃銅」（brass）強度高且加工容易，適合製作佛具與管樂器。而銅與鋁（Al）的合金「鋁青銅」（aluminium bronze）抗腐蝕力高，可用於製作裝飾品。

※：一般認為銅鐸用於祭祀，不過實際用途仍不得而知。

青銅像

世界各地都能看到由青銅鑄成的像。譬如以「奈良大佛」著稱的東大寺「盧舍那佛」，就是世界上最大的金銅佛（以青銅鑄型再鍍金的佛像）。奈良大佛是在政變、天災、疾病頻仍的奈良時代，為了祈求動植物及萬物欣欣向榮而建的。

銅的導熱度高，故可用於製造茶壺、湯鍋、平底鍋等廚具。不光是與瓦斯火焰接觸的部位會熱，整個廚具都能均勻導熱，所以食物不容易燒焦。

―基本資料―

質子數	29
價電子數	―
原子量	63.546
熔 點	1083.4
沸 點	2567
密 度	8.96
豐 度	
地 球	55ppm
宇 宙	522
來 源	黃銅礦、赤銅礦等
	（智利、美國、波蘭等）
價 格	2900日圓（每公斤）■
	粉末
發現者	―
發現年	―

★★★ 小知識 ★★★

元素名稱的由來

源自古代的著名銅產地賽普勒斯（拉丁文為「Cuprum」）。

發現時的小故事

自古就已知的元素之一。

主要化合物

硫酸銅（II）（$CuSO_4$）、氫氧化銅（II）（$Cu(OH)_2$）、氧化銅（II）（CuO）、氯化銅（II）（$CuCl_2$）

主要同位素

^{63}Cu（69.15％）、^{65}Cu（30.85％）

29 Cu

銅
Copper

55 ppm

| | 30 | **Zn** | 鋅 | Zinc | | 75 ppm | |

鋅粒

―基本資料―

質子數	30
價電子數	―
原子量	65.38
熔點	419.53
沸點	907
密度	7.134

豐度

地球	75ppm
宇宙	1260
來源	閃鋅礦等（澳洲等）
價格	330日圓（每公斤）◆ 塊狀
發現者	馬柯葛拉夫（德國）
發現年	1746年

★★★ 小 知 識 ★★★

元素名稱的由來

波斯文的「石」(sing)，或德文的「叉子尖端」(Zink)。

發現時的小故事

1746年，馬柯葛拉夫（Andreas Marggraf）從菱鋅礦中提煉出金屬鋅，並留下了提煉方法的記錄。據說在13世紀時，印度就懂得如何製造金屬鋅。

主要化合物

$ZnSO_4$、$Zn(OH)_2$

主要同位素

^{64}Zn (48.63%)、^{66}Zn (27.90%)、^{67}Zn (4.04%)、^{68}Zn (18.45%)、^{70}Zn (0.61%)

銅管樂器

銅管樂器是以鋅與銅（Cu）的合金（黃銅）製成。用於製作樂器的黃銅大致上可以分成「黃色」（銅70%、鋅30%）與「紅黃色」（銅80%、鋅15%）兩大類。

鈕扣型電池

鈕扣型電池（鋅空氣電池）多使用鋅作為負極。形狀類似卻更平坦的「錢幣型電池」則多以鋰（Li）作為負極。

人體必需的礦物質

鋅的日文寫作「亞鉛」，是因為鋅的顏色及外觀與鉛（Pb）相似。過去以為鋅是跟鉛一樣毒的金屬，但事實上鋅是人體必需的礦物質，可去除或排出體內的有害物質，在生命活動中具有重要功能。當鋅不足時，味蕾（舌頭用以感覺味道的器官）的細胞分裂便無法順利進行，恐造成味覺障礙。

舌頭味蕾的位置

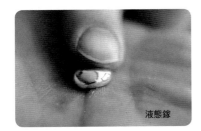

液態鎵

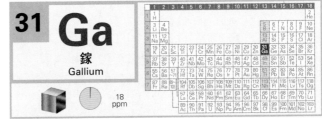

31 Ga
鎵
Gallium

18 ppm

LED 紅綠燈

―基本資料―

質子數	31
價電子數	3
原子量	69.723
熔點	27.78
沸點	2403
密度	5.907

豐度	
地球	18ppm
宇宙	37.8
來源	鋁土礦（幾內亞等）、硫鎵銅礦（納米比亞等）
價格	3800日圓（每公克）■ 小片
發現者	德布瓦博德蘭 （Paul de Boisbaudran，法國）
發現年	1875年

★★★ 小 知 識 ★★★

元素名稱的由來
古法國的拉丁文「Gallia」。

發現時的小故事
在鋅的光譜中發現2條未知的光譜線。之後從閃鋅礦中分離出來。

主要化合物 ―

主要同位素
^{69}Ga（60.108%）、^{71}Ga（39.892%）

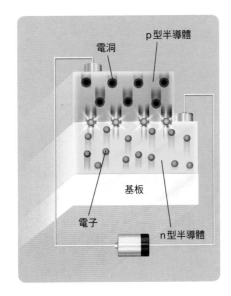

p型半導體
電洞
基板
電子
n型半導體

呈液態的溫度範圍很廣

鎵的沸點很高，呈液態的溫度範圍很大，所以常用於製作高溫用溫度計、液狀接著劑等。我們較常看到的應用是發光二極體（LED）。LED有3種顏色：磷化鎵（GaP）製的黃綠色、紅色，以及氮化鎵（GaN）製的藍色。

藍光LED的原理
藍光LED是以氮化鎵類的半導體製成。氮化鎵類的半導體可分為n型與p型，n型半導體的原理是電子流動，p型半導體則是由電洞（電子的「空位」）產生電流。若將兩種半導體相連並施加電壓，交界面附近的電子與電洞就會互相靠近並成對消滅，以光的形式釋放出能量。

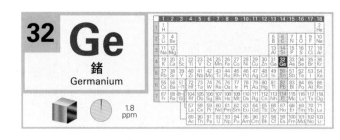

32 Ge
鍺
Germanium

1.8
ppm

─ 基本資料 ─

質子數	32
價電子數	4
原子量	72.630
熔點	937.4
沸點	2830
密度	5.323

豐度	
地球	1.8ppm
宇宙	119
來源	鈣鉛碳矽石（法國）、水鍺鐵石（納米比亞）
價格	111日圓（每公克）◆ 塊狀／粉末／碎屑
發現者	溫克勒（Clemens Winkler，德國）
發現年	1886年

★★★ 小 知 識 ★★★

元素名稱的由來
德國古名「Germania」。

發現時的小故事
對硫銀鍺礦進行化學分析時發現。

主要化合物
GeO、$Ge(OH)_2$、GeO_2、$GeCl_2$

主要同位素
^{70}Ge（20.57%）、^{72}Ge（27.45%）、^{73}Ge（7.75%）、^{74}Ge（36.50%）、^{76}Ge（7.73%）

不吸收紅外線

鍺在地殼中的分布廣且淺。過去曾用鍺來製作電晶體等半導體元件，不過自1960年代起改以矽（Si）為主流原料。另外，鍺不會吸收紅外線，故可用於製作紅外線攝影機、熱感應成像儀（熱感應攝影機）的鏡頭。

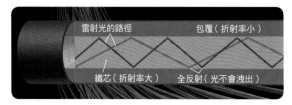

雷射光的路徑　　包覆（折射率小）
纖芯（折射率大）　全反射（光不會洩出）

光纖
光纖為雙層同心圓結構，內側的「纖芯」（core）為折射率較大的材質，外側的「包覆」（clad）為折射率較小的物質。在纖芯內添加鍺，可提高折射率。

─ 基本資料 ─

質子數	33
價電子數	5
原子量	74.921595
熔點	817（灰砷，28大氣壓）
沸點	616（灰砷，昇華）
密度	5.78（灰砷）

豐度	
地球	1.5ppm
宇宙	6.56
來源	雌黃、雄黃（秘魯等）
價格	—
發現者	馬葛努斯（Albertus Magnus，德國）
發現年	13世紀

★★★ 小 知 識 ★★★

元素名稱的由來
希臘文的「黃色色素（硫磺）」（arsenikon）。

發現時的小故事
將砷化合物與油混合加熱後，分離出單質。

主要化合物
AsH_3、As_2O_3、$NaAsO_3$

主要同位素
^{75}As（100%）

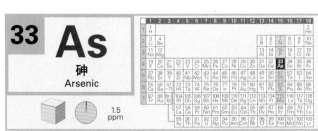

遙控器等電子產品所使用的「紅外線LED」就有用到砷化鎵。

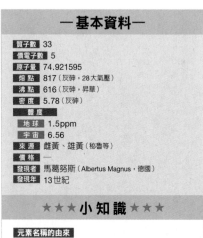

33 As
砷
Arsenic

1.5
ppm

硒

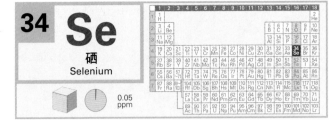

34	**Se**
	硒
	Selenium

0.05 ppm

反應性質多元

硒的反應性質相當多元，幾乎可以和所有元素結合。譬如製作為玻璃著色（紅色、粉色、橘色等）所用的色素、影印機的感光鼓等。另外，硒也是人體的必要礦物質，可預防某些文明病，但攝取過多會中毒。

一 基本資料 一

質子數	34
價電子數	6
原子量	78.971
熔點	217（金屬）
沸點	684.9（金屬晶體）
密度	4.79（金屬）

豐度

地球	0.05ppm
宇宙	62.1
來源	與硫化物一起出產
價格	113日圓（每公克）■ 粒狀
發現者	貝吉里斯、甘恩（皆為瑞典）
發現年	1817年

★★★ 小知識 ★★★

元素名稱的由來

希臘文的「月之女神」（selene）。

發現時的小故事

貝吉里斯與甘恩發現這種與碲十分相似的新元素。

主要化合物

H_2Se、SeO_2、H_2SeO_4

主要同位素

^{74}Se（0.89%）、^{76}Se（9.37%）、^{77}Se（7.63%）、^{78}Se（23.77%）、^{80}Se（49.61%）、^{82}Se（8.73%）

超高感光度攝影機（Super-HARP攝影機）

夜間攝影機的攝像管會使用以硒製成的非晶質硒膜。攝像管可將射入的光線轉換成電訊號。非晶質硒膜內，帶負電的電子與帶正電的電洞加速時，會產生更多的電子與電洞，進而產生比平常更大的電流（電荷），藉此接收到更多電訊號，生成感光度更高的影像。

作為毒物而聞名的砷

自古以來，砷化合物常被製成用於暗殺的毒藥，因而聞名。不過近年來，開始將砷化合物中的三氧化二砷（As_2O_3）用於治療急性前骨髓性白血病。此外，砷化鎵（GaAs）還用來製作紅外線LED與太陽能電池等。

砷有毒且廣泛存在於自然界，當我們吃下米、蔬菜、水等食物時，也會攝取到微量的砷（不會影響到健康）。可一旦短期內攝取大量的砷，就會出現發燒、嘔吐、脫毛等症狀，嚴重時甚至可能導致死亡。

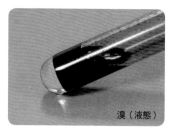

溴（液態）

自然界不存在單質溴

溴的單質不存在於自然界，而是以溴化物（bromide）的形式存在於海水、礦脈中。溴在常溫常壓下為液態，有臭味。羅馬時代名為「泰里安紫」（tyrian purple，亦稱貝紫、骨螺紫）的紫色染料，就是以含溴的二溴靛藍為主成分。泰里安紫相當昂貴，是只有權勢者才能穿戴的顏色。

以泰里安紫染色的絲巾
泰里安紫的原料為骨螺科螺貝的體液，一顆螺貝能採集到的量極少。日本稱之為「貝紫染」。

―基本資料―

質子數	35
價電子數	7
原子量	79.901～79.907
熔點	-7.2
沸點	58.78
密度	3.1226
濃度	
地球	0.37ppm
宇宙	11.8

來源	溴銀礦（美國等）
價格	430日圓（每公克）★
發現者	巴拉德（法國）
發現年	1825年

★★★ 小知識 ★★★

元素名稱的由來

希臘文的「惡臭」（bromos）。

發現時的小故事

巴拉德（Antoine Balard）將高鹽度的湖水蒸發，研究殘留物質時發現了溴。

主要同位素

^{79}Br（50.69%）、^{81}Br（49.31%）

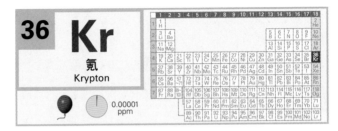

36 **Kr**
氪
Krypton

0.00001 ppm

讓燈絲更長壽

氪為非金屬元素，屬於惰性氣體，可作為白熾燈泡的填充氣體。氪不容易導熱，相較於一般填充氬（Ar）的白熾燈泡，填充氪的燈泡燈絲壽命較長。

照相底片

溴與銀的化合物溴化銀（AgBr）可用於製作底片與相片用紙上的感光劑（參見第162頁）。除此之外，氯化銀（AgCl）、碘化銀（AgI）等鹵化銀物質也可作為感光劑使用，這也是「銀鹽攝影」一詞的由來。

氪燈泡

填充氪的「氪燈泡」壽命很長，常用作緊急照明等。

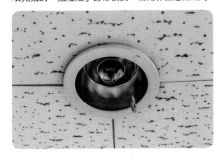

燈絲

─基本資料─

質子數	36
價電子數	0
原子量	83.798
熔點	-156.66
沸點	-152.3
密度	0.0037493
豐度	
地球	0.00001ppm
宇宙	45

來源	微量存在於空氣中
價格	─
發現者	拉姆齊（蘇格蘭）、特拉弗斯（英格蘭）
發現年	1898年

★★★ 小知識 ★★★

元素名稱的由來

源自於希臘文的「藏起來的東西」（kryptos）。

發現時的小故事

利用沸點的差異，可從液態空氣中分離出氪。

主要同位素

^{78}Kr（0.355%）、^{80}Kr（2.286%）、^{82}Kr（11.593%）、^{83}Kr（11.500%）、^{84}Kr（56.987%）、^{86}Kr（17.279%）

COLUMN

日本近代化學之祖 宇田川榕菴

宇田川榕菴（1798～1846）是日本江戶時代後期的醫生暨蘭學者。他是大垣藩（今岐阜縣）藩醫江澤養樹的長男，出生於江戶，年少就有才名，14歲時被宇田川玄真收為養子。宇田川家族世代皆為津山藩（今岡山縣）藩醫，是傳統的漢方醫大家，但從宇田川榕菴的養祖父宇田川玄隨開始便轉向研究蘭方醫。

宇田川玄隨在西洋醫學（特別是內科）的造詣非常高，宇田川榕菴從他身上學到許多知識。一般認為，日本首先引入的蘭醫領域始自解剖學及外科，以杉田玄白（1733～1817）等人的著作《解體新書》為代表。但在另一方面，宇田川榕菴引入的內科、藥學、植物學、化學等，也深化了日本醫學在基礎科學方面的知識。

日本第一本化學書 《舍密開宗》的誕生

宇田川榕菴生前有許多著作與譯作，又以《舍密開宗》最為著名。舍密是荷蘭文「chemie」的音譯，意為化學。《舍密開宗》全21本，共1100頁，是日本第一套系統化的化學書籍。早在「化學」一詞出現之前，他就創造出約50個至今仍在使用的日文化學用語，包括「酸化」（氧化）、「還元」（還原）以及「酸素」（氧）、「窒素」（氮）等元素名稱。所以日本人奉他為「近代化學之祖」。

宇田川榕菴的苦心隨處可見

《舍密開宗》除了原書的翻譯內容之外，也有引用《天工開物》等古代中國文獻，並加入了宇田川榕菴自己的理論。

另外，在缺乏實驗器材與試劑的年代，宇田川榕菴仍設法進行溫泉水的分析實驗、銀樹反應（可析出樹枝狀的銀晶體）、碘與澱粉反應等實驗。《舍密開宗》不只記錄了他自己的實驗結果，也有說明當時使用哪些玻璃容器作為實驗器材，並闡述了記錄實驗過程的重要性，這些心得對後進來說都是相當重要的線索。

宇田川榕菴花了10年寫作《舍密開宗》一書，但他在1846年就去世，享年49歲，留下了未完成的《舍密開宗》。

「珈琲」一詞的發明者

宇田川榕菴的好奇心十分旺盛，對來自荷蘭（西洋）的地理、歷史、音樂理論都很有興趣，研究涉獵廣泛（他也曾與西博德（Philipp von Siebold，1795～1866）交流）。另外，他還提出以「珈琲」作為代表咖啡的漢字。19歲時，著有與咖啡有關的論文〈哥非乙說〉。

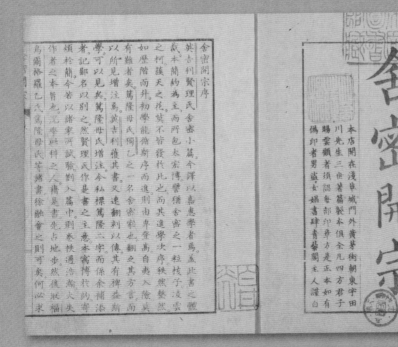

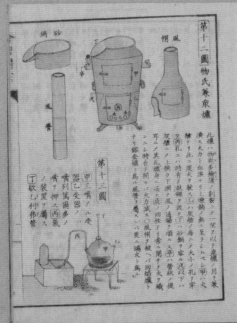

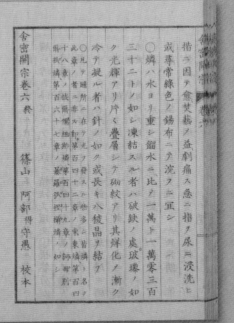

英國化學家亨利（William Henry，1774～1836）參考拉瓦節於1789年的著作《化學基本論述》，著有《The Elements of Experimental Chemistry》。後來荷蘭的依佩（Adolf Ijpeij，1749～1820）將其翻譯成荷蘭文的《Chemie, voor beginnende Liefhebbers》，可能是《舍密開宗》的原書。

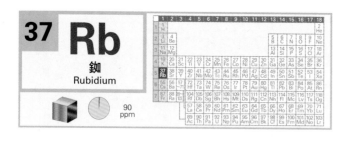

使用銣的「銣原子鐘」誤差很小，許多GPS衛星就搭載了銣原子鐘。圖為印度於2018年發射的導航衛星「IRNSS-1I」。

銣鍶定年法

銣的同位素「銣87」是放射性元素，衰變後會轉變成鍶。可以利用該現象來為數十億年前誕生的疊層石等進行年代測定，即所謂的「銣鍶定年法」。

疊層石

約27億年前，地球上出現了藍菌這種生物，可利用太陽光的光能，以二氧化碳為原料來合成有機物。聚集在海邊淺灘的藍菌會彼此堆疊，形成「疊層石」（stromatolite）這種岩石般的結構物。位於疊層石表面的藍菌會沐浴在陽光下行光合作用，所產生的氣體就是當時的地球大氣缺乏的氧（O_2）（圖為澳洲鯊魚灣）。

─基本資料─

質子數	37
價電子數	1
原子量	85.4678
熔點	39.31
沸點	688
密度	1.532
豐度	
地球	90ppm
宇宙	7.09

來源	鋰雲母含有約3.15%的銣
價格	3萬200日圓（每公克）★
發現者	本生、克希何夫（皆為德國）
發現年	1861年

★★★ 小知識 ★★★

元素名稱的由來
拉丁文的「深紅色」（rubidus）。

發現時的小故事
分析含鋰的雲母時，以光譜法發現銣。

主要同位素
^{81}Rb（4.58%）、^{85}Rb（72.17%）、^{87}Rb（27.83%）

38 Sr 鍶 Strontium

370 ppm

發出紅色火焰的信號筒

與水接觸時會劇烈反應

鍶是銀白色的柔軟金屬元素，會與水產生劇烈反應。氯化鍶燃燒時會產生明亮的紅色火焰，因此可用於製作信號筒，告知他人有事故發生等。另外，放射性同位素「鍶89」可作為治療藥物，抑制轉移至骨骼的癌細胞造成的疼痛。

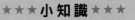

─基本資料─

質子數 38	來源 天青石、菱鍶礦
價電子數 2	（墨西哥等）
原子量 87.62	價格 83日圓（每公斤）◆
熔點 769	碳酸鍶
沸點 1384	發現者 克勞福（蘇格蘭）
密度 2.54	發現年 1790年
豐度	
地球 370ppm	
宇宙 23.5	

★★★ 小知識 ★★★

元素名稱的由來

源自菱鍶礦（strontianite）。

發現時的小故事

克勞福（Adair Crawford）分析採集自蘇格蘭礦場的礦物後發現。

主要同位素

^{84}Sr（0.56%）、^{86}Sr（9.86%）、^{87}Sr（7.00%）、^{88}Sr（82.58%）

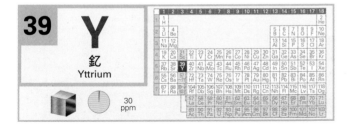

39 Y 釔 Yttrium

30 ppm

彩色液晶螢幕的紅色螢光物質就有用到釔（取代了過去螢幕所使用的陰極射線管）。

沒有延展性且容易氧化

釔是銀白色金屬，沒有延展性，在空氣中容易氧化。釔與鋁（Al）等的氧化物可用於製造照明用白光LED的黃色螢光物質，以及為工業產品加工時所用的YAG雷射。

─基本資料─

質子數 39	來源 獨居石、氟碳鈰鑭礦
價電子數 ─	（加拿大、中國等）
原子量 88.90584	價格 5300日圓（每公克）■
熔點 1522	粉末
沸點 3338	發現者 加多林（芬蘭）
密度 4.47	發現年 1794年
豐度	
地球 30ppm	
宇宙 4.64	

★★★ 小知識 ★★★

元素名稱的由來

瑞典村莊「伊特比」（Ytterby）。

發現時的小故事

加多林從加多林石中發現新的氧化物。莫桑德（Carl Mosander）進一步研究後發現，該物質其實含有3種元素的氧化物，並將其中一種元素命名為「釔」。

主要同位素

^{89}Y（100%）

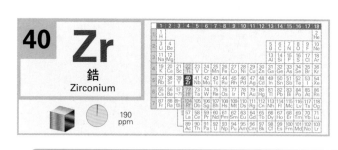

鋯

二氧化鋯

以鋯的氧化物「二氧化鋯」製成的陶瓷或精密陶瓷材料強度很高，可用來製作菜刀、假牙、裝飾品等。另外，鋯是自然界金屬中最不會吸收中子的元素，故也可作為核反應器的材料。

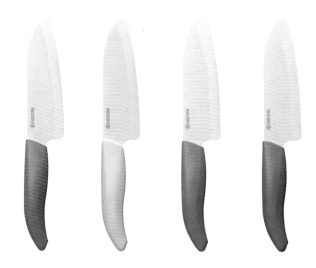

陶瓷

陶瓷（ceramics）的定義為「非金屬非有機材料（塑膠、橡膠等）的固態材料」。因此，玻璃在廣義上也屬於陶瓷。另外，一般認為陶瓷的語源是希臘文的「keramos」（黏土燒結固化後的東西）。

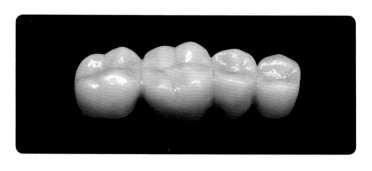

―基本資料―

質子數	40
價電子數	―
原子量	91.224
熔點	1852
沸點	4377
密度	6.506

豐度
地球	190ppm
宇宙	11.4

來源	鋯石、斜鋯石（美國等）
價格	152日圓（每公斤）◆
	礦石
發現者	克拉普羅特（德國）
發現年	1789年

★★★ 小知識 ★★★

元素名稱的由來

源自於阿拉伯文「寶石的金色」（zargun）。

發現時的小故事

1789年，克拉普羅特分析一塊來自錫蘭（斯里蘭卡）的礦石，發現了鋯。

主要同位素

^{90}Zr（51.45%）、^{91}Zr（11.22%）、
^{92}Zr（17.15%）、^{94}Zr（17.38%）、
^{96}Zr（2.80%）

磁浮列車

鈮與鈦的合金可製成超導體且易於加工，故可用於製作磁浮列車、MRI（磁振造影）等的電磁鐵（超導電磁鐵）。

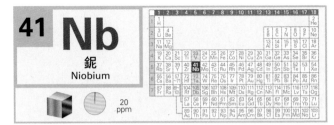

41 Nb

鈮
Niobium

20 ppm

鈮的合金

鈮合金的強度高，不易變質。另外，鈮與鈦（Ti）的合金在極低溫下會成為超導體（參見第94頁）。雖然也有其他可以在更高溫度下成為超導體的物質，但都是相當脆弱的陶瓷，難以加工。

―基本資料―

質子數	41	來源	鈳鉭鐵礦
價電子數	―		（盧安達、民主剛果等）
原子量	92.90637	價格	2321日圓（每公斤）◆
熔點	2468		鈮鐵（FeNb）
沸點	4742	發現者	哈契特（英格蘭）
密度	8.57	發現年	1801年
豐度			
地球	20ppm		
宇宙	0.698		

★★★ 小知識 ★★★

元素名稱的由來

希臘神話之王「坦塔洛斯」（Tantalus）的女兒「尼俄伯」（Niobe）。

發現時的小故事

哈契特（Charles Hatchett）在某種黑色礦物中發現新的元素，並且將它命名為「鈳」（columbium），與後來提出的鈮是同一種元素。

主要同位素

^{93}Nb (100%)

圖為含有鉬的礦物「輝鉬礦」（molybdenite）。日本政府會將鉬、釩（V）、鉻（Cr）、錳（Mn）、鈷（Co）、鎳（Ni）、鎢（W）等稀有金屬作為國家儲備，以應不時之需。

42 Mo

鉬
Molybdenum

1.5 ppm

鉬的合金

添加鉬的合金（譬如不鏽鋼、鉻鉬鋼等）可用於製作飛機或火箭的引擎等，是用途相當廣泛的機械材料。另外，與豆科植物的根共生的根瘤菌也含有鉬，是從空氣中捕捉氮（N）時不可或缺的酶。

―基本資料―

質子數	42	來源	輝鉬礦（美國、智利等）
價電子數	―	價格	1138日圓（每公斤）◆
原子量	95.95		燒結礦
熔點	2617	發現者	舍勒、耶爾姆
沸點	4612		（Peter Hjelm）（皆為瑞典）
密度	10.22	發現年	1778年
豐度			
地球	1.5ppm		
宇宙	2.55		

★★★ 小知識 ★★★

元素名稱的由來

希臘文的「鉛」（molybdos）。

發現時的小故事

舍勒將名為「輝鉬礦」的礦物溶於硝酸中，分離出鉬。

主要同位素

^{92}Mo (14.53%)、^{94}Mo (9.15%)、^{95}Mo (15.84%)、^{96}Mo (16.67%)、^{97}Mo (9.60%)、^{98}Mo (24.39%)、^{100}Mo (9.82%)

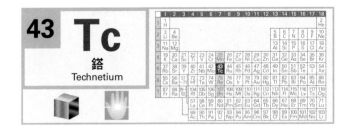

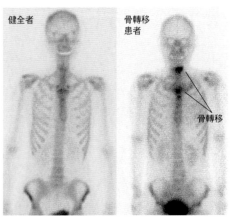

健全者　　　　骨轉移
　　　　　　　患者

骨轉移

第一個人造元素

自然界中不存在穩定的鎝，是第一個人造的元素。鎝全都是放射性同位素，可用於製作放射性診斷藥物，確認癌細胞是否轉移到骨骼（發生骨轉移的位置會聚集較多的鎝，影像中看起來偏黑，如右圖）。

─基本資料─

質子數　43	來源　自然界不存在
價電子數　—	價格　—
原子量　（99）	發現者　培里耶（Carlo Perrier）、
熔點　2172	瑟格瑞（皆為義大利）
沸點　4877	發現年　1936年
密度　11.5（計算值）	
豐度	
地球　—	
宇宙　—	

★★★ 小知識 ★★★

元素名稱的由來

希臘文的「人工」（tekhnetos）。

發現時的小故事

第一個人工製造的放射性元素。以迴旋加速器加速氘核束，再使其撞擊鉬而得。

主要同位素

^{99}Tc、^{99m}Tc 等多種

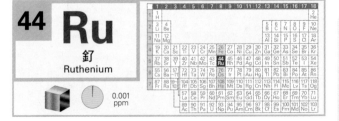

鉑的副產品

提煉鉑（Pt）、鎳（Ni）、銅（Cu）時會得到的副產品。釕用於製作硬碟（圓盤的磁性層），可使記錄密度提高。此外，有些裝飾品會鍍上黑色的釕，與鉑、鈀的合金可製成電路開關。

銥鋨

宮澤賢治作品中出現的銥鋨是銥（Ir）、鋨（Os）、釕、鉑等的合金，可用於製作鋼筆尖。耐用、耐腐蝕，可寫出柔和的筆跡。

─基本資料─

質子數　44	來源　硫化礦（加拿大等）
價電子數　—	價格　3740日圓（每公克）■
原子量　101.07	粉末
熔點　2310	發現者　奧散（德國）
沸點　3900	發現年　1828年
密度　12.37	
豐度	
地球　0.001ppm	
宇宙　1.86	

★★★ 小知識 ★★★

元素名稱的由來

克勞司（Karl Claus），出身於現在的愛沙尼亞）以祖國俄羅斯的拉丁文名「Ruthenia」命名。

發現時的小故事

奧散（Gottfried Osann）從「鉑礦」中發現釕。1845年，克勞司成功分離出釕元素。

主要同位素

^{96}Ru（5.54％）、^{98}Ru（1.87％）、^{99}Ru（12.76％）、^{100}Ru（12.60％）、^{101}Ru（17.06％）、^{102}Ru（31.55％）、^{104}Ru（18.62％）

汽車底盤下的觸媒

三元觸媒

汽車引擎用來淨化廢氣的裝置（三元觸媒）會用到銠、鈀、鉑。銠可將有害的氮氧化物（NOx）還原成氮（N）與氧（O）。

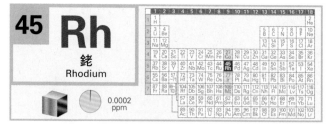

45 **Rh**
銠
Rhodium

0.0002 ppm

自然界存在微量的銠

自然界存在微量的銠，是精煉鉑、銅（Cu）等時的副產品。有著堅硬、耐腐蝕、耐磨耗的優點，擁有美麗的光澤，故常鍍在金屬、玻璃品上作為裝飾。另外，汽車引擎的觸媒也會用到銠。

─基本資料─

質子數	45	來 源	硫化礦（加拿大等）
價電子數	─	價 格	3635日圓（每公克）◆
原子量	102.90550		粉末
熔點	1966	發現者	沃拉斯頓（英格蘭）
沸點	3695	發現年	1803年
密度	12.41		

豐度
地球 0.0002ppm
宇宙 0.344

★★★ 小知識 ★★★

元素名稱的由來
希臘文的「玫瑰」（rhodon）。

主要同位素
^{103}Rh（100%）

發現時的小故事
沃拉斯頓（William Wollaston）以王水（濃鹽酸與濃硝酸的混合液體）溶解鉑礦後，發現銠與鈀。

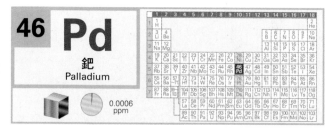

氫分子

其他分子　　鈀膜

氫的純化

鈀可以吸收自身體積900倍以上的氫，且氫可以穿過鈀，故鈀可用於純化氫。

46 **Pd**
鈀
Palladium

0.0006 ppm

吸收氫並使其通過

鈀可吸收氫（H）並使其通過，故鈀合金可用於純化氫。此外，鈀也可應用於裝飾品、牙齒治療（補牙）、引擎觸媒（可催化氧化反應，將碳氫化合物轉變成水與二氧化碳、將一氧化碳轉變成二氧化碳）等。

─基本資料─

質子數	46	來 源	硫化礦（加拿大等）
價電子數	─	價 格	2956日圓（每公克）◆
原子量	106.42		錠塊
熔點	1552	發現者	沃拉斯頓（英格蘭）
沸點	3140	發現年	1803年
密度	12.02		

豐度
地球 0.0006ppm
宇宙 1.39

★★★ 小知識 ★★★

元素名稱的由來
小行星「智神星」（Pallas）。

發現時的小故事
與銠一起發現。

主要同位素
^{102}Pd（1.02%）、^{104}Pd（11.14%）、^{105}Pd（22.33%）、^{106}Pd（27.33%）、^{108}Pd（26.46%）、^{110}Pd（11.72%）

日本在很久以前也有開採的「銀」

溴離子（Br⁻）

自古以來，銀就用於製作貴重飾品、餐具、貨幣等。溴化銀（AgBr）是銀與溴的化合物，受光後會產生化學反應，可用於製作攝影底片。底片表面有一層約20微米（微米為100萬分之1公尺）厚的乳膠，當中含有溴化銀粒子。這種粒子是銀離子（Ag⁺）與溴離子（Br⁻）的離子晶體。

底片受光時，溴離子的電子會飛出，與銀離子結合成黑色的銀原子（黑點）。當顯像的銀原子越來越多時，就會形成肉眼可見的黑點。若將顯像完成的底片放大，可見影像是由許多小銀點構成。

另外，將銀板放入水中通電電解的話，就會產生銀離子。用含有銀離子的水清洗衣物時，銀離子可附著在纖維上，抑制細菌繁殖。另外，銀離子也可附著在細菌上抑制某些酶作用，來阻礙細菌的呼吸作用，故可防止衣物發臭。

日本最大的銀山 — 島根縣的石見銀山，從戰國時代到大正時代開採了超過400年的銀礦，也有出口到國外。

中世紀作為毒物使用的砷（As）純度很低，含有硫（S）化合物雜質。銀與硫反應會生成黑色的硫化銀，所以使用銀製餐具可以馬上判斷食物中是否混有毒物。

溴化銀粒子

乳膠

片基

高畫質底片

若希望經過放大的畫面清洗出來後仍保有銳利畫質，底片就必須有很高的解析度才行。若希望照片能呈現出畫面細節，則乳膠中的溴化銀粒子就要做得很細，且大小必須一致。

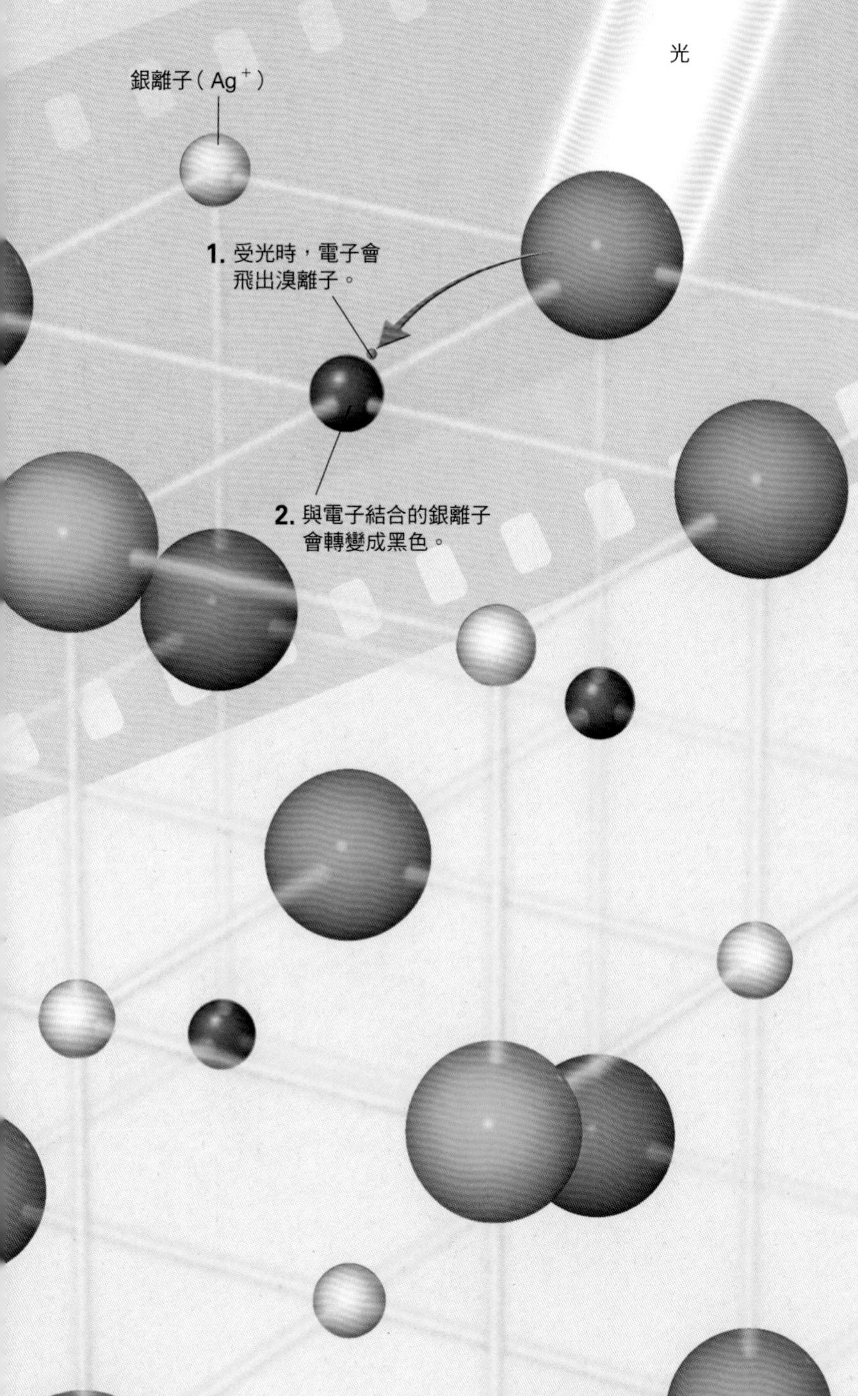

光

銀離子（Ag⁺）

1. 受光時，電子會
飛出溴離子。

2. 與電子結合的銀離子
會轉變成黑色。

─ 基本資料 ─

質子數	47
價電子數	─
原子量	107.8682
熔點	951.93
沸點	2212
密度	10.500
豐度	
地球	0.07ppm
宇宙	0.486
來源	自然銀、輝銀礦
	（加拿大、墨西哥、美國）
價格	2500日圓（每公克）■
	粉末
發現者	─
發現年	─

★★★ 小知識 ★★★

元素名稱的由來

盎格魯薩克遜文的「銀」（sioltur）。

發現時的小故事

自古就已知的元素之一。

主要化合物

氧化銀（Ag_2O）、硝酸銀（$AgNO_3$）、
硫酸銀（Ag_2SO_4）、氟化銀（AgF）、
溴化銀（$AgBr$）、碘化銀（AgI）、鉻
酸銀（Ag_2CrO_4）、氯化銀（$AgCl$）、
硫化銀（Ag_2S）

主要同位素

^{107}Ag（51.839%）、^{109}Ag（48.161%）

47 Ag

銀
Silver

 0.07
ppm

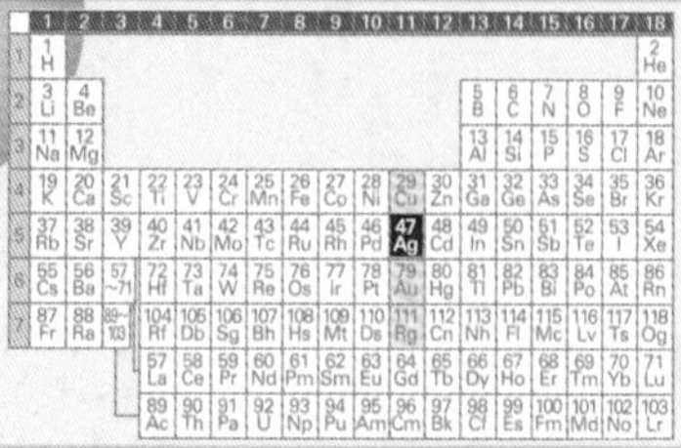

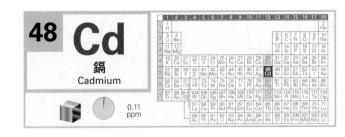

48 Cd

鎘

Cadmium

0.11 ppm

鎳鎘電池

氫氧化鎘可作為鎳鎘電池的電極材料。鎳鎘電池的負極為鎘，正極為鎳（Ni），壽命很長，可以充放電數千次。

作為鍍層與染料

鎘在空氣中相當穩定，故可鍍鎘來防止生鏽。另外，顏料或油漆等所使用的鮮黃色「鎘黃」，就是由硫化鎘製成。

―基本資料―

質子數	48
價電子數	―
原子量	112.414
熔點	321.0
沸點	765
密度	8.65
豐度	
地球	0.11ppm
宇宙	1.61

來源	硫鎘礦、鋅礦
	（中國、澳洲等）
價格	400日圓（每公克）■
	小塊
發現者	施特羅邁爾
	（Friedrich Stromeyer，德國）
發現年	1817年

★★★ 小知識 ★★★

元素名稱的由來

含鎘礦物（菱鋅礦、異極礦）的拉丁文名「cadmia」。

發現時的小故事

加熱碳酸鋅理應會得到白色的氧化鋅，卻變成了黃色物質，表示含有新元素。

主要同位素

^{106}Cd（1.25%）、^{108}Cd（0.89%）、^{110}Cd（12.49%）、^{111}Cd（12.80%）、^{112}Cd（24.13%）、^{113}Cd（12.22%）、^{114}Cd（28.73%）、^{116}Cd（7.49%）

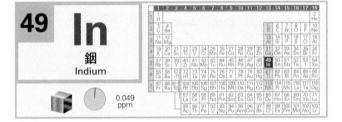

49 In

銦

Indium

0.049 ppm

透明電極

銦是柔軟的銀白色金屬。在空氣中會形成一層氧化外膜，故可穩定存在。銦可用於製作半導體材料（化合物半導體）、紅外線偵檢器、鍍層等。另外，液晶螢幕內部的層狀結構中，部分含有以銦製成的透明電極。

在氧化銦中加入少量的氧化錫，可得到「銦錫氧化物」（ITO），透明卻可以導電，故可製成智慧型手機或電子儀器的觸控介面等。

―基本資料―

質子數 49	價電子數 3	價格 20日圓（每公克）◆
原子量 114.818	熔點 156.6	塊狀／粉末／礦屑
沸點 2080	密度 7.31	發現者 萊希（Ferdinand Reich）、
豐度		瑞希特（Hieronymous Richter）
地球 0.049ppm		（皆為德國）
宇宙 0.184		發現年 1863年
來源 硫錫銅礦、硫鐵銦礦		
（加拿大、中國等）		

★★★ 小知識 ★★★

元素名稱的由來

光譜呈現「靛藍色」（拉丁文為 indicum）。

發現時的小故事

測定閃鋅礦的發射光譜時，發現靛藍色的譜線。

主要同位素

^{113}In（4.29%）、^{115}In（95.71%）

50 Sn

錫
Tin

2.2 ppm

1	2	3	4	5	6	7	8	9	10	11	12	13	14	15	16	17	18
1 H																	2 He
3 Li	4 Be											5 B	6 C	7 N	8 O	9 F	10 Ne
11 Na	12 Mg											13 Al	14 Si	15 P	16 S	17 Cl	18 Ar
19 K	20 Ca	21 Sc	22 Ti	23 V	24 Cr	25 Mn	26 Fe	27 Co	28 Ni	29 Cu	30 Zn	31 Ga	32 Ge	33 As	34 Se	35 Br	36 Kr
37 Rb	38 Sr	39 Y	40 Zr	41 Nb	42 Mo	43 Tc	44 Ru	45 Rh	46 Pd	47 Ag	48 Cd	49 In	50 Sn	51 Sb	52 Te	53 I	54 Xe
55 Cs	56 Ba	57~71	72 Hf	73 Ta	74 W	75 Re	76 Os	77 Ir	78 Pt	79 Au	80 Hg	81 Tl	82 Pb	83 Bi	84 Po	85 At	86 Rn
87 Fr	88 Ra	89~103	104 Rf	105 Db	106 Sg	107 Bh	108 Hs	109 Mt	110 Ds	111 Rg	112 Cn	113	114 Fl	115	116 Lv	117	118
		57 La	58 Ce	59 Pr	60 Nd	61 Pm	62 Sm	63 Eu	64 Gd	65 Tb	66 Dy	67 Ho	68 Er	69 Tm	70 Yb	71 Lu	
		89 Ac	90 Th	91 Pa	92 U	93 Np	94 Pu	95 Am	96 Cm	97 Bk	98 Cf	99 Es	100 Fm	101 Md	102 No	103 Lr	

錫

─ 基本資料 ─

質子數	50
價電子數	4
原子量	118.710
熔點	231.97
沸點	2270
密度	5.75（α）

豐度

地球	2.2ppm
宇宙	3.82
來源	錫石（中國、巴西等）
價格	2279日圓（每公斤）◆ 塊狀
發現者	─
發現年	─

★★★ 小知識 ★★★

元素名稱的由來

源自於拉丁文當中的「鉛和銀的合金」（stannum）。

發現時的小故事

青銅從西元前3000年左右起就為人所熟知。

主要同位素

^{112}Sn（0.97%）、^{114}Sn（0.66%）、^{115}Sn（0.34%）、^{116}Sn（14.54%）、^{117}Sn（7.68%）、^{118}Sn（24.22%）、^{119}Sn（8.59%）、^{120}Sn（32.58%）、^{122}Sn（4.63%）、^{124}Sn（5.79%）

馬口鐵

在薄鐵板鍍上耐腐蝕的錫，可製成「馬口鐵」（鍍錫板）。馬口鐵常用於充當罐頭容器，過去也用來製作玩具。另外，錫與鉛（Pb）的合金可製成「焊料」（焊錫），將電容或電晶體等電子零件焊接到電路上時會用到。

青銅是銅（Cu）與錫的合金。在鐵普及之前，青銅構築出一個時代（青銅器時代）。加工容易、色澤優美、音韻悠遠，至今仍是藝術品或寺廟梵鐘的常見材料。

曾是眼影的成分

銻如今是鉛蓄電池的電極與半導體原料，不過據說古埃及女性會用輝銻礦（Sb_2S_3）的粉末來製作眼影。另外，三氧化二銻（Sb_2O_3）可作為阻燃劑，可添加至窗簾的纖維內或塑膠、橡膠產品中，使其不容易著火。

活字合金
活版印刷所使用的活字就是由鉛（Pb）、銻、錫（Sn）的合金製成。

─基本資料─

質子數 51
價電子數 5
原子量 121.760
熔點 630.63
沸點 1635
密度 6.691
濃度
　地球 0.2ppm
　宇宙 0.309

來源 輝銻礦（中國、俄羅斯、玻利維亞等）
價格 913日圓（每公斤）◆ 塊狀或粉末
發現者 ─
發現年 ─

★★★ 小知識 ★★★

元素名稱的由來
源自於希臘文的「討厭孤獨」（antimonos）。

發現時的小故事
自古就已知的元素之一。

主要同位素
^{121}Sb（57.21%）、^{123}Sb（42.79%）

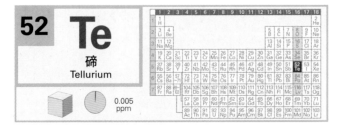

稀有金屬的一種

碲為半金屬（導體，參見第93頁），對人體有毒。碲是一種稀有金屬，可用於製作太陽能電池、小型冰箱（冷卻裝置），以及陶瓷與玻璃等的著色劑。

碲會因為熱而在晶體與非晶體之間產生相變，故可用於製作藍光光碟等的記錄膜，來重複寫入（記錄）資料。

─基本資料─

質子數 52
價電子數 6
原子量 127.60
熔點 449.5
沸點 990
密度 6.24
濃度
　地球 0.005ppm
　宇宙 4.81

來源 針碲金礦、碲金礦（美國等）
價格 660日圓（每公克）■ 小片
發現者 繆勒（奧地利）
發現年 1782年

★★★ 小知識 ★★★

元素名稱的由來
源自拉丁文的「地球」（tellus）。

發現時的小故事
繆勒（Franz-Joseph Müller）在金礦石中發現未知元素，卻無法區分這種元素和銻。後來克拉普羅特（德國）成功分離出單質金屬並加以命名。

主要同位素
^{120}Te（0.09%）、^{122}Te（2.55%）、^{123}Te（0.89%）、^{124}Te（4.74%）、^{125}Te（7.07%）、^{126}Te（18.84%）、^{128}Te（31.74%）、^{130}Te（34.08%）

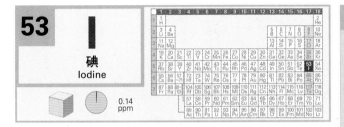

一基本資料一

質子數	53
價電子數	7
原子量	126.90447
熔點	113.5
沸點	184.3
密度	4.93

豐度

地球	0.14ppm
宇宙	0.90
來源	海水、海藻（日本、智利、美國等）
價格	—
發現者	庫魯圖瓦（Bernard Courtois，法國）
發現年	1811年

★★★ 小知識 ★★★

元素名稱的由來

碘蒸氣的顏色為靛紫色，故以希臘文的「紫色」（ioeides）命名。

發現時的小故事

以硫酸處理海藻灰的溶液，可得到暗紅色的碘晶體。

主要同位素

^{127}I（100%）

碘酒

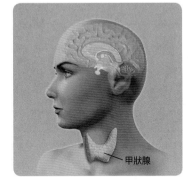

碘可經由食物進入體內，甲狀腺吸收碘後經過一連串化學反應，會生成甲狀腺素。當甲狀腺素不足時，能量代謝與運動功能會失常。

甲狀腺

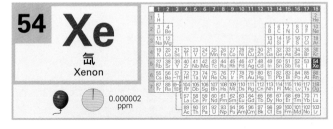

人體的必需元素之一

碘有殺菌作用，是碘酒（消毒劑）的重要成分。另外，碘也是人體必需的礦物質之一，碘不足時會造成甲狀腺功能障礙。

一基本資料一

質子數	54
價電子數	0
原子量	131.293
熔點	-111.9
沸點	-107.1
密度	0.0058971

豐度

地球	0.000002ppm
宇宙	4.7
來源	微量存在於空氣中
價格	—
發現者	拉姆齊（蘇格蘭）、特拉弗斯（英格蘭）
發現年	1898年

★★★ 小知識 ★★★

元素名稱的由來

希臘文的「陌生」（xenos）。

發現時的小故事

從大量的氪中分離發現。

主要同位素

^{124}Xe（0.10%）、^{126}Xe（0.09%）、
^{128}Xe（1.91%）、^{129}Xe（26.40%）、
^{130}Xe（4.07%）、^{131}Xe（21.23%）、
^{132}Xe（26.90%）、^{134}Xe（10.44%）、
^{136}Xe（8.86%）

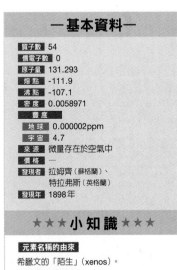

汽車的氙燈

在宇宙中移動

日本小行星探測器「隼鳥2號」搭載的離子推進器是以氙作為推進劑。離子推進器會將氙電離成電漿狀離子再往後高速噴射，藉反作用力來前進。除此之外，氙還可以用來製造汽車的頭燈（氙燈），在美容方面用於治療皮膚等。

第
6
週
期
／
鑭
系
元
素
（
55
～
86
）

―基本資料―

質子數 55	價電子數 1
原子量 132.90545	熔點 28.4
沸點 678	密度 1.873

豐度
地球	3ppm
宇宙	0.372
來源	銫沸石、鋰雲母（加拿大等）
價格	3萬5300日圓（每公克）★
發現者	本生、克希何夫（皆為德國）
發現年	1860年

★★★ 小知識 ★★★

元素名稱的由來
拉丁文的「藍天」（caesius）。

發現時的小故事
取大量德國巴德杜克室礦泉水加以濃縮，去除鋰等雜質後進行分光分析而發現。

主要同位素
^{133}Cs（100%）

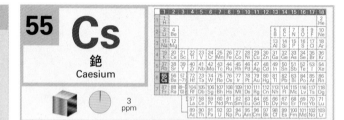

55 **Cs**
銫
Caesium

3 ppm

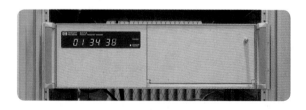

經過2000萬年誤差不到1秒的原子鐘

銫的熔點比人的體溫還低，是鹼金屬中活性最大的元素，常用於製造原子鐘（照片：日本國立研究開發法人情報通信研究機構）。另外，現在是將「1秒」定義為「銫133原子於基態之兩個超精細結構能階間躍遷時，所對應輻射週期的91億9263萬1770倍的持續時間」，即「銫133」原子振盪91億9263萬1770次所需的時間。

―基本資料―

質子數 56	價電子數 2
原子量 137.327	熔點 729
沸點 1637	密度 3.594

豐度
地球	500ppm
宇宙	4.49
來源	重晶石、毒重石（中國、印度、美國等）
價格	140日圓（每公克）★ 氧化鋇
發現者	戴維（英格蘭）
發現年	1808年

★★★ 小知識 ★★★

元素名稱的由來
希臘文的「重」（barys）。

發現時的小故事
17世紀時便已知含鋇礦物。戴維分離出單質金屬。

主要同位素
^{130}Ba（0.106%）、^{132}Ba（0.101%）、^{134}Ba（2.417%）、^{135}Ba（6.592%）、^{136}Ba（7.854%）、^{137}Ba（11.232%）、^{138}Ba（71.698%）

除了硫酸鋇以外，鋇化合物幾乎都有很強的毒性，譬如碳酸鋇（$BaCO_3$）可用作老鼠藥。

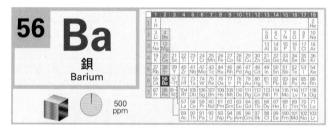

56 **Ba**
鋇
Barium

500 ppm

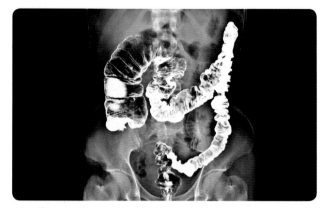

胃的X射線檢查

鋇在空氣中容易氧化，也會與水或酒精反應，所以要保存在石油中。由於鋇有很多電子，X射線不容易通過，所以在照胃部的X光片時會以硫酸鋇（$BaSO_4$）作為顯影劑。

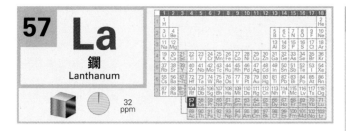

─基本資料─

質子數	57
價電子數	―
原子量	138.90547
熔點	921
沸點	3457
密度	6.145

豐度

地球	32ppm
宇宙	0.4460
來源	獨居石、氟碳鈰鑭礦 （加拿大、中國等）
價格	3280日圓（每公克）★ 粉末
發現者	莫桑德（瑞典）
發現年	1839年

★★★ 小知識 ★★★

元素名稱的由來
希臘文的「隱藏」（lanthanein）。

發現時的小故事
莫桑德從二氧化鈰（鈰氧）這種氧化物中，分離出鑭的氧化物。

主要同位素
^{138}La（0.088%）、^{139}La（99.911%）

折射率（透鏡彎折光線的程度）越高，透鏡就能做得越薄，畫面也比較不容易變形扭曲。

製作高性能透鏡不可或缺的材料

鑭可用於製作陶瓷、永久磁鐵、電子顯微鏡的電子射源等。用鑭製成的光學透鏡折射率很高，可以得到失真程度較小的圖像。另外，鑭與鎳（Ni）的合金有很高的儲氫能力，目前正在研究如何善加應用該材料的特性。

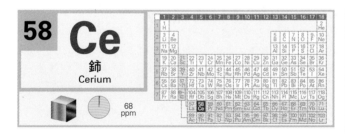

─基本資料─

質子數	58	**價電子數**	―
原子量	140.116	**熔點**	799
沸點	3426	**密度**	8.24（α）

豐度

地球	68ppm
宇宙	1.136
來源	獨居石、氟碳鈰鑭礦 （加拿大、中國等）
價格	1萬1600日圓（每公克）■ 粉末
發現者	貝吉里斯、希辛格 （Wilhelm Hisinger）（皆為瑞典）
發現年	1803年

★★★ 小知識 ★★★

元素名稱的由來
源自1801年發現的小行星「穀神星」（Ceres）。

發現時的小故事
從礦物「矽鈰石」（cerite）中純化出二氧化鈰，再分離出來。

主要同位素
^{136}Ce（0.185%）、^{138}Ce（0.251%）、
^{140}Ce（88.450%）、^{142}Ce（11.114%）

鈰

吸收紫外線

氧化鈰有吸收紫外線的效果，故可作為抗UV玻璃或防曬乳的成分。另外，玻璃研磨劑與白光LED（照明用）所使用的黃色螢光物質，也都含有鈰。

―基本資料―

質子數	59	價電子數	―
原子量	140.90766	熔點	931
沸點	3512	密度	6.773

密度	
地球	9.5ppm
宇宙	0.1669
來源	獨居石、氟碳鈰鑭礦
	（加拿大、中國等）
價格	6000日圓（每公克）■
	氧化物 粉末
發現者	奧爾（Carl Auer，奧地利）
發現年	1885年

★★★ 小知識 ★★★

元素名稱的由來

希臘文的「青綠」（prasisos）與
「雙子」（didymos）。

發現時的小故事

從二氧化鈰中分離出鐠，再分離
成2種成分，其中一種命名為
「鐠」。

主要同位素

^{141}Pr（100%）

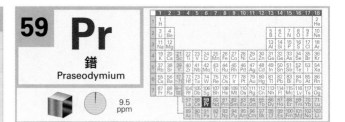

59 Pr

鐠
Praseodymium

9.5
ppm

鐠黃

鐠本來是銀白色金屬，不過在常溫空氣中其表面會氧化成黃色。用於製成陶
瓷上的黃色或黃綠色釉藥（鐠黃）、磁鐵（鐠磁鐵）等。鐠磁鐵的物理強度相
當高，且不易生鏽。

―基本資料―

質子數	60	價電子數	―
原子量	144.242	熔點	1021
沸點	3068	密度	7.007

密度	
地球	38ppm
宇宙	0.8279
來源	獨居石、氟碳鈰鑭礦
	（加拿大、中國等）
價格	1萬2430日圓（每公克）■
	粉末
發現者	奧爾（奧地利）
發現年	1885年

★★★ 小知識 ★★★

元素名稱的由來

希臘文的「新」（neo）與「雙子」
（didymos）。

發現時的小故事

從二氧化鈰中分離出鈮鐠，再分離
成2種成分，其中一種命名為
「鐠」，另一種命名為「鈮」。

主要同位素

^{142}Nd（27.15%）、^{143}Nd（12.17%）、
^{144}Nd（23.79%）、^{145}Nd（8.29%）、
^{146}Nd（17.18%）、^{148}Nd（5.75%）、
^{150}Nd（5.63%）

60 Nd

鈮
Neodymium

38
ppm

鈮磁鐵與
油電混合車

鈮磁鐵

鐵（Fe）添加鈮之後，鐵和鈮的磁性方向都會固定，故整個磁鐵可發揮出最
強的磁力。磁力強的鈮磁鐵可應用於高性能揚聲器、油電混合車的馬達等。

61 Pm

鉕

Promethium

―基本資料―

質子數 61 ｜ 價電子數 ―
原子量 （145） ｜ 熔點 1168
沸點 2700 ｜ 密度 7.22
豐度
地球 ―
宇宙 ―
來源 ―
價格 ―
發現者 馬林斯基（Jacob Marinsky）、
葛蘭丹尼（Lawrence Glendenin）、
科耶爾（Charles Coryell）
（皆為美國）
發現年 1947年

★★★ 小知識 ★★★

元素名稱的由來

源自希臘神話的神祇「普羅米修斯」（Prometheus）。

發現時的小故事

從鈾礦含有的核分裂產物中分離，經確認後證實是新元素。

主要同位素

^{145}Pm、^{146}Pm、^{147}Pm

搭載核電池的航海家號
在太陽光微弱的地方執行任務的太空探測器其電源來自核電池（在有太陽光的地方執行任務的探測器，則主要以太陽能電池為電源）。

核電池的燃料

鈾礦含有極微量的鉕（單質為銀白色的金屬晶體）。將鉕所釋放的輻射轉變成電能，便可作為「核電池」（同位素電池）的燃料。另外，以前還曾用來製作時鐘盤面上的螢光塗料（輻射量比鐳還要少）。

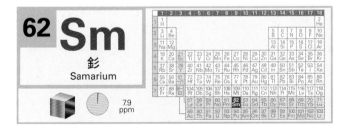

62 Sm

釤

Samarium

7.9
ppm

―基本資料―

質子數 62 ｜ 價電子數 ―
原子量 150.36 ｜ 熔點 1077
沸點 1791 ｜ 密度 7.52
豐度
地球 7.9ppm
宇宙 0.2582
來源 獨居石、氟碳鈰鑭礦
（加拿大、中國等）
價格 1萬5000日圓（每公克）■
粉末
發現者 德布瓦博德蘭（法國）
發現年 1879年

★★★ 小知識 ★★★

元素名稱的由來

俄羅斯聯邦烏拉地區開採出來的「鈮釔礦」（samarskite）。

發現時的小故事

從鈮釔礦中分離出來。

主要同位素

^{144}Sm（3.07%）、^{147}Sm（14.99%）、
^{148}Sm（11.24%）、^{149}Sm（13.82%）、
^{150}Sm（7.38%）、^{152}Sm（26.75%）、
^{154}Sm（22.75%）

釤

用於製作磁鐵及測定年代

在釹磁鐵出現以前，含有釤的「釤鈷磁鐵」是磁力最強的永久磁鐵。因為價格昂貴，故主要應用在時鐘等小型裝置。另外，釤的放射性同位素「釤147」半衰期很長（1080億年），故「釤釹定年法」可用於測定古老事件的發生時間，譬如太陽系的形成。

第 6 週期／鑭系元素（55～86）

─基本資料─

質子數	63
價電子數	─
原子量	151.964
熔點	822
沸點	1597
密度	5.243

豐度

地球	2.1ppm
宇宙	0.0973
來源	獨居石、氟碳鈰鑭礦
	（加拿大、中國等）
價格	5萬3500日圓（每公克）★
	塊狀
發現者	德馬塞
	（Eugène-Anatole Demarçay，法國）
發現年	1896年

★★★ 小知識 ★★★

元素名稱的由來

源自「歐洲」（Europe）。

發現時的小故事

對原本認為是釤的物質進行分析後，發現新的吸收光譜，進而分離出新元素。

主要同位素

^{151}Eu（47.81%）、^{153}Eu（52.19%）

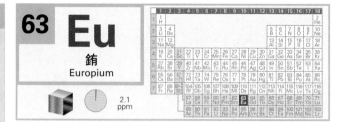

63	**Eu**
	銪
	Europium

2.1 ppm

應用於「歐元」的銪

銪是稀土元素之一，可用於製作顯示器及陰極射線管等的紅色螢光物質。此外，歐元紙鈔的墨水中含有銪化合物，照到紫外線時會發光，故可用於防偽。

50歐元紙鈔（舊版紙鈔）在紫外線燈光下顯現出「星星」。

─基本資料─

質子數	64	價電子數	─
原子量	157.25	熔點	1313
沸點	3266	密度	7.9

豐度

地球	7.7ppm
宇宙	0.3300
來源	獨居石、氟碳鈰鑭礦
	（加拿大、中國等）
價格	3800日圓（每公克）■
	粉末
發現者	馬里尼亞克
	（Jean de Marignac，瑞士）
發現年	1880年

★★★ 小知識 ★★★

元素名稱的由來

源自稀土元素研究的先驅「加多林」（Gadolin）。

發現時的小故事

從鈮釔礦中分離出來的2種元素之一（另一種是釤）。

主要同位素

^{152}Gd（0.20%）、^{154}Gd（2.18%）、
^{155}Gd（14.80%）、^{156}Gd（20.47%）、
^{157}Gd（15.65%）、^{158}Gd（24.84%）、
^{160}Gd（21.86%）

常溫下擁有很強的磁性

釓在常溫下擁有很強的磁性，故過去用來製作磁光碟片的記錄層。此外，釓也可作為核反應器中吸收中子的控制棒材料，以及MRI檢查中加重影像深淺的顯影劑。

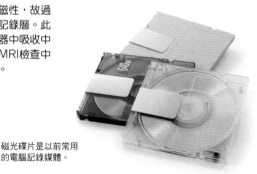

磁光碟片是以前常用的電腦記錄媒體。

64	**Gd**
	釓
	Gadolinium

7.7 ppm

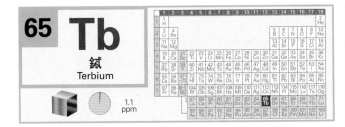

65 Tb

鋱
Terbium

1.1 ppm

―基本資料―

質子數	65
價電子數	―
原子量	158.92535
熔點	1356
沸點	3123
密度	8.229

豐度
地球	1.1ppm
宇宙	0.0603

來源	獨居石、氟碳鈰鑭礦 （加拿大、中國等）
價格	2萬3800日圓（每公克）★ 粉末
發現者	莫桑德（瑞典）
發現年	1843年

伊特比村內發現的元素

瑞典的伊特比村（參見第104頁）所發現的元素之一，可用於製作顯示器的綠色螢光物質。另外，含有鋱的合金在施加磁場後可伸長、縮短，噴墨印表機的印字頭就是利用該性質製成。

鋱

可儲存光

鏑可儲存光能並發光，故可用於製作避難方向指示燈等的蓄光塗料。另外，鉛（Pb）與鏑的合金可用於製作輻射屏蔽材料，保存核反應器的用過核燃料。

引導指示燈
含鏑的蓄光塗料不含放射性物質，所以比含鐳的夜光塗料安全，而且可以儲存更多發光用的能量。

―基本資料―

質子數	66	價電子數	―
原子量	162.500	熔點	1412
沸點	2562	密度	8.55

豐度
地球	6ppm
宇宙	0.3942

來源	獨居石、氟碳鈰鑭礦 （加拿大、中國等）
價格	5750日圓（每公克）■ 粉末
發現者	德布瓦博德蘭（法國）
發現年	1886年

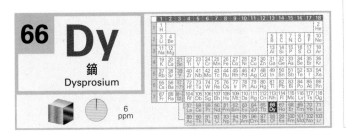

66 Dy

鏑
Dysprosium

6 ppm

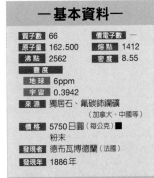

―基本資料―

質子數 67	價電子數 ―
原子量 164.93033	熔點 1474
沸點 2695	密度 8.795

豐度
| 地球 1.4ppm |
| 宇宙 0.0889 |

來源 獨居石、氟碳鈰鑭礦
（加拿大、中國等）

價格 1萬7450日圓（每公克）★
粉末

發現者 克雷威（瑞典）

發現年 1879年

★★★ 小知識 ★★★

元素名稱的由來
斯德哥爾摩的拉丁文「Holmia」。

發現時的小故事
從氧化鉺分離出2種氧化物，將其中之一命名為「氧化鈥」。

主要同位素
^{165}Ho（100%）

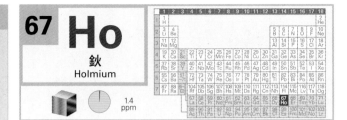

67 Ho
鈥
Holmium

1.4 ppm

鈥可用於醫療領域中的「雷射治療器」。與其他雷射相比，鈥雷射產生的熱量較少，比較不會造成患部損傷。使用鈥雷射來治療的手術中，以擊碎結石、攝護腺切除術較為人所知。

鈥雷射（左）及其照射患部的情形（下）。

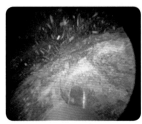

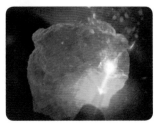

―基本資料―

質子數 68	價電子數 ―
原子量 167.259	熔點 1529
沸點 2863	密度 9.066

豐度
| 地球 3.8ppm |
| 宇宙 0.2508 |

來源 獨居石、氟碳鈰鑭礦
（加拿大、中國等）

價格 1萬4000日圓（每公克）■
粉末

發現者 莫桑德（瑞典）

發現年 1843年

★★★ 小知識 ★★★

元素名稱的由來
瑞典的村莊「伊特比」（Ytterby）。

發現時的小故事
從氧化釔中發現的成分之一。

主要同位素
^{162}Er（0.14%）、^{164}Er（1.60%）、
^{166}Er（33.50%）、^{167}Er（22.87%）、
^{168}Er（26.98%）、^{170}Er（14.91%）

68 Er
鉺
Erbium

3.8 ppm

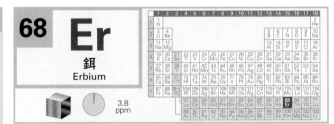

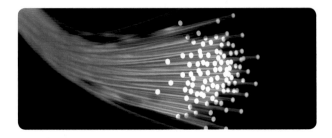

添加鉺的光纖（光增幅器）在長距離光通訊過程中，光的能量在傳遞時不會衰減。另外，鉺也應用在美容領域的皮膚治療及牙科雷射治療。

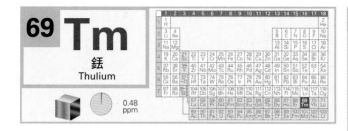

69 Tm

銩
Thulium

0.48 ppm

─ 基本資料 ─

質子數	69	價電子數	─
原子量	168.93422	熔點	1545
沸點	1950	密度	9.321

豐度
地球 0.48ppm
宇宙 0.0378
來源 獨居石、氟碳鈰鑭礦
（加拿大、中國等）
價格 4萬5400日圓（每公克）★
粉末
發現者 克雷威（瑞典）
發現年 1879年

★★★ 小知識 ★★★

元素名稱的由來
斯堪地那維亞半島的舊地名「圖勒」
（Thule）。

發現時的小故事
分析低純度的鉺時，與鈥一起分離
出來。

主要同位素
^{169}Tm（100%）

銩

與鉺的用途類似的銩

銩可用於製作光纖、光增幅器、治療攝護腺所用的醫用雷射等。光增幅器是
能增強光訊號的裝置，不同的元素（稀土元素）可增強的波長區段也不
一樣。

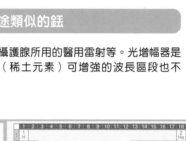

70 Yb

鐿
Ytterbium

3.3 ppm

─ 基本資料 ─

質子數	70	價電子數	─
原子量	173.054	熔點	824
沸點	1193	密度	6.965

豐度
地球 3.3ppm
宇宙 0.2479
來源 獨居石、氟碳鈰鑭礦
（加拿大、中國等）
價格 3600日圓（每公克）■
氧化物 粉末
發現者 馬里尼亞克（瑞士）
發現年 1878年

★★★ 小知識 ★★★

元素名稱的由來
瑞典的村莊「伊特比」（Ytterby）。

發現時的小故事
從低純度的鉺中分離出來。

主要同位素
^{168}Yb（0.12%）、^{170}Yb（2.98%）、
^{171}Yb（14.09%）、^{172}Yb（21.68%）、
^{173}Yb（16.10%）、^{174}Yb（32.03%）、
^{176}Yb（13.00%）

加多林石
除了鐿之外，也含有鈰
（Ce）、鑭（La）、釹
（Nd）等元素，是極
為罕見的礦物。

加多林石含有鐿

伊特比村出產的加多林石含有鐿元素。鐿可作為將玻璃染成黃綠色的色素，
也可作為合金的添加劑、用來製作光纖（光增幅器）等。

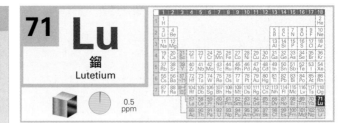

—基本資料—

質子數 71	價電子數 —
原子量 174.967	熔點 1663
沸點 3395	密度 9.84

豐度
地球 0.5ppm
宇宙 0.0367
來源 獨居石、氟碳鈰鑭礦（加拿大、中國等）
價格 11萬1600日圓（每公克）★
　　　粉末
發現者 奧爾（奧地利）
發現年 1905年

★★★ 小知識 ★★★

元素名稱的由來
源自巴黎的古名「lutecia」。

發現時的小故事
許多人在幾乎同一個時期發現這個元素。

主要同位素
^{175}Lu (97.40%)、^{176}Lu (2.60%)

71 Lu
鎦
Lutetium

0.5 ppm

鎦

地球上豐度最少的元素

與銩（Tm）並列為地球上豐度最低的稀土元素。分離過程相當複雜、價格昂貴，所以幾乎沒有工業上的應用。鎦的放射性同位素「鎦176」（半衰期357億年，會衰變成鉿176）可用於年代測定（鎦鉿定年法）。

—基本資料—

質子數 72	價電子數 —
原子量 178.49	熔點 2230
沸點 5197	密度 13.31（固態）

豐度
地球 5.3ppm
宇宙 0.154
來源 鋯石、斜鋯石（美國等）
價格 2700日圓（每公克）★
發現者 科斯特（Dirk Coster，荷蘭）、
　　　海維西（George de Hevesy，匈牙利）
發現年 1924年

★★★ 小知識 ★★★

元素名稱的由來
哥本哈根的拉丁文名「Hafnia」。

發現時的小故事
鉿與鋯的性質十分相似，要從鋯中分離出鉿實屬困難，所以發現得比較晚。

主要同位素
^{174}Hf (0.16%)、^{176}Hf (5.26%)、
^{177}Hf (18.60%)、^{178}Hf (27.28%)、
^{179}Hf (13.62%)、^{180}Hf (35.08%)

72 Hf
鉿
Hafnium

5.3 ppm

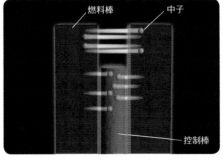

燃料棒　　中子

核反應器內部為控制棒夾在燃料棒之間的配置。

控制棒

化學性質與鋯十分相似

單質鉿為銀色重金屬，延性佳。中子吸收率高，可用於製作核反應器的控制棒。由於鉿與鋯（Zr）的化學性質十分相似，所以要從礦物中分離兩者並不容易（不過鋯的中子吸收率較低）。

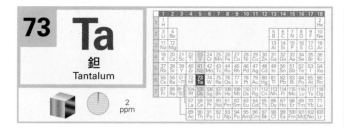

對人體無害的金屬

鉭相當堅硬，且延性佳、易加工。金屬鉭為熔點第三高的金屬，耐酸性極佳，再加上對人體無害，故可用於製作人工骨骼、植牙治療等。

鉭可用於製作電解電容等電子元件，常見於智慧型手機、電腦等電子產品。

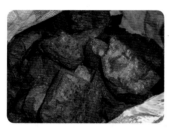

含有鈮與鉭的礦物（鈳鉭鐵礦）。

基本資料

質子數	73
價電子數	—
原子量	180.94788
熔點	2996
沸點	5425
密度	16.654

豐度

地球	2ppm
宇宙	0.0207
來源	鈳鉭鐵礦

（盧安達、民主剛果等）

價格	44日圓（每公克）◆
	塊狀或粉末
發現者	埃克貝里（瑞典）
發現年	1802年

★★★ 小知識 ★★★

元素名稱的由來

希臘神話中「佛里幾亞」（Phrygia）的國王「坦塔洛斯」（Tantalus）。

發現時的小故事

最一開始是由埃克貝里（Anders Ekeberg）發現，不過後世證實該物質是鉭與性質相近的鈮的混合物。

主要同位素

^{180}Ta（0.012%）、^{181}Ta（99.988%）

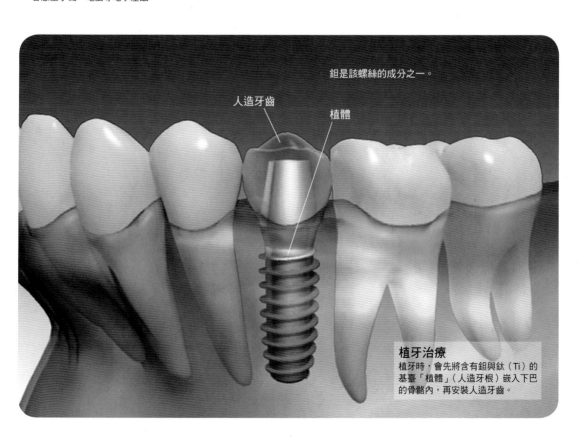

鉭是該螺絲的成分之一。

人造牙齒

植體

植牙治療
植牙時，會先將含有鉭與鈦（Ti）的基臺「植體」（人造牙根）嵌入下巴的骨骼內，再安裝人造牙齒。

鎢

─ 基本資料 ─

質子數	74
價電子數	─
原子量	183.84
熔點	3410
沸點	5657
密度	19.3

豐度	
地球	1ppm
宇宙	0.133
來源	黑鎢礦、白鎢礦 （中國、加拿大、俄羅斯等）
價格	3日圓（每公克）◆ 鎢鐵（FeW）
發現者	舍勒（瑞典）
發現年	1781年

★★★ 小知識 ★★★

元素名稱的由來

瑞典文的「重石頭」（tungsten）。

發現時的小故事

從「白鎢礦」（scheelite）這種礦石中分離出新的氧化物。

主要同位素

^{180}W（0.12%）、^{182}W（26.50%）、
^{183}W（14.31%）、^{184}W（30.64%）、
^{186}W（28.43%）

白熾燈的燈絲

鎢的元素符號是「W」，源自首次分離出鎢的礦石 ── 黑鎢礦（wolframite）。鎢是熔點最高的金屬，且蒸氣壓低，還可加工成極細的鎢絲，製成白熾燈的燈絲（參見第153頁）等。

碳化鎢

鎢與碳（C）的化合物「碳化鎢」其莫氏硬度（參見第27頁）高達9，非常堅硬，也很耐鏽、耐熱。含有碳化鎢的超硬合金可製成削切工具的材料（照片：日本鎢株式會社）。

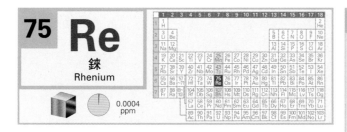

75 Re
錸
Rhenium

 0.0004 ppm

─基本資料─

質子數	75	價電子數	─
原子量	186.207	熔點	3180
沸點	5596	密度	21.02

豐度
地球 0.0004ppm
宇宙 0.0517
來源 輝鉬礦（智利、美國等）
價格 168日圓（每公克）◆
　　 顆粒（99.99%）
發現者 諾達克、塔科（Ida Tacke）、
　　　 伯格（Otto Berg）（皆為德國）
發現年 1925年

★★★ 小知識 ★★★

元素名稱的由來
源自「萊茵河」（Rhein）。

發現時的小故事
門得列夫預測的元素之一，分離自矽酸鹽礦物。

主要同位素
^{185}Re（37.40%）、^{187}Re（62.60%）

置於容器內的錸

導熱度高的錸與鎢的合金可用於製造測定高溫用的溫度感應器，以及醫用、安檢用的 X 射線裝置。

Nipponium的真面目

日本化學家小川正孝發表的「nipponium」其實就是錸。錸在地殼中的含量非常少，僅微量存在於「輝鉬礦」中。錸可作為燈絲、氫化觸媒的材料。另外，錸與鎢的合金可應用於航太產業。

---

76 Os
鋨
Osmium

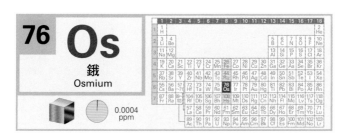 0.0004 ppm

─基本資料─

質子數	76	價電子數	─
原子量	190.23	熔點	3054
沸點	5027	密度	22.59

豐度
地球 0.0004ppm
宇宙 0.675
來源 鉑礦
　　 （南非、加拿大、俄羅斯等）
價格 4萬9500日圓（每公克）■
　　 粉末
發現者 特南特（英格蘭）
發現年 1803年

★★★ 小知識 ★★★

元素名稱的由來
希臘文的「臭」（osme）。

發現時的小故事
以濃鹽酸與濃硝酸溶解含有鉑的礦物時，會留下黑色的殘渣，特南特（Smithson Tennant）從中同時發現鋨與銥。

主要同位素
^{184}Os（0.02%）、^{186}Os（1.59%）、
^{187}Os（1.96%）、^{188}Os（13.24%）、
^{189}Os（16.15%）、^{190}Os（26.26%）、
^{192}Os（40.78%）

四氧化鋨（OsO_4）在常溫下會自然揮發，具有強烈的臭味與毒性，故以希臘文中代表「臭」的「osme」為其命名。

以合金的狀態出產

鋨是所有元素中比重最大的金屬。鉑礦可分離出鋨與銥（Ir）的合金，稱為「銥鋨」（iridosmine），不會被酸或鹼腐蝕，可用於製作鋼筆筆尖（參見第160頁）。

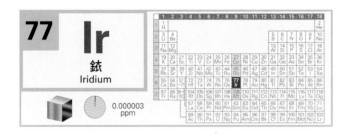

隕石含有大量的銥

銥發現於約6550萬年前恐龍滅絕時的地層（白堊紀-古近紀界線）。銥在地球上的豐度極低，不過隕石內卻富含銥。由此可以推測，恐龍的滅絕可能與巨大隕石撞擊地球有關。此外，銥缺乏延展性而難以加工，所以幾乎無法單獨應用。

火星塞

汽油引擎的火星塞會用到銥
（圖中紅圈處）。銥的合金非
常硬且耐熱度佳，可用於製造
細小、耐久性高的電極，故能
降低放電電壓與點火難度。

一基本資料一

質子數	77	來源	銥鋨礦（銥鋨合金）
價電子數	—		（南非、阿拉斯加、加拿大等）
原子量	192.217	價格	1萬7360日圓（每公克）■
熔點	2410		粉末
沸點	4130	發現者	特南特（英格蘭）
密度	22.56	發現年	1803年
豐度			
地球	0.000003ppm		
宇宙	0.661		

★★★ 小知識 ★★★

元素名稱的由來

希臘神話中的彩虹女神「伊麗絲」
（Iris）。

發現時的小故事

以濃鹽酸與濃硝酸溶解含鉑礦物
時，會留下黑色殘渣，特南特從
中同時發現鋨與銥。

主要同位素

^{191}Ir（37.3%）、^{193}Ir（62.7%）

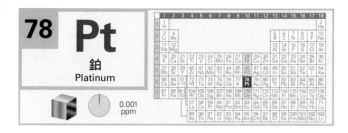

78	**Pt**		
	鉑		
	Platinum		

0.001 ppm

鉑

白金

鉑俗稱「白金」，因為歐洲曾將鉑稱為「white gold」。不過，在飾品領域中所說的白金，是指以金（Au）為基底製成的合金而非鉑。自然界的鉑可從礦石當中開採，主要出產國為南非與俄羅斯，占全世界總產量的84%。

鉑呈現美麗的銀白色，故常用於製作裝飾品而為人所知。另外，鉑也擁有優秀的觸媒功能，可用於淨化汽車廢氣（參見第161頁）與精煉石油、製造硝酸（奧士華法）等。再者，鉑的化合物「順鉑」（cisplatin）可作為癌症治療藥物。

國際公斤原器（日本公斤原器）
國際公斤原器是2019年5月20日以前的國際質量標準器，共使用了130年。存放於雙層玻璃容器內的砝碼是由不易腐蝕的鉑與鈦製成（照片：日本國立研究開發法人產業技術總合研究所）。

─基本資料─

質子數	78
價電子數	─
原子量	195.084
熔點	1772
沸點	3830
密度	21.45
豐度	
地球	約0.001ppm
宇宙	1.34
來源	砂鉑礦、硫鉑礦、砷鉑礦
	（南非、俄羅斯、美國等）
價格	3243日圓（每公克）◆
	錠
發現者	─
發現年	─

★★★ 小知識 ★★★

元素名稱的由來
西班牙文的「小銀塊」（platina）。

發現時的小故事
自古就在應用的元素之一。最先認定鉑為元素的人是鄔洛亞（Antonio de Ulloa，西班牙）。

主要同位素
^{190}Pt（0.012%）、^{192}Pt（0.782%）、^{194}Pt（32.86%）、^{195}Pt（33.78%）、^{196}Pt（25.21%）、^{198}Pt（7.356%）

超過3000年光輝如昔的「金」

金 在地殼的豐度不及銅（Cu）的 1 萬分之 1，是相當稀少的金屬。就自然出產的單質金屬而言，金是唯一具有「金黃色」光輝的金屬，自古以來就是財富的象徵。舉例來說，於西元前1342～前1324年左右統治古埃及的法老王圖坦卡門，其木乃伊上的面具就是由黃金打造而成。古日本遺留下來黃金製品中，則是以西元57年後漢光武帝（前6～後57）贈送的「金印」最為古老。

人們對黃金的熱愛亦催生出了鍊金術（參見第10頁）。中世紀的鍊金術師一直無法成功的鍊金大業，以現代技術卻做得到。使用加速器將原子序比金大 1 的汞（Hg）與鈹（Be）相撞，便可將汞的 1 個質子撞出來變成金。不過，即使像製造鉨（Nh）一樣在 1 年內持續實驗（參見第38頁），也只能合成出0.00018公克的金。也就是說，雖然技術上可行，但完全不敷成本。

永保光輝的金

黃金自古以來就被視為尊貴的金屬，其閃耀的光澤是原因之一。圖坦卡門國王木乃伊上的黃金面具至今依舊金光閃閃，是因為黃金具有不易腐蝕的性質。

各領域都視為寶物的金
導電度高是金的一大特性。雖然金的導電度不及銀（Ag）與銅，但因為不易腐蝕、合金強度高，所以常用於電路、金屬鍍層、導線等。此外，在醫療領域可用於抗類風濕性關節炎的製劑。

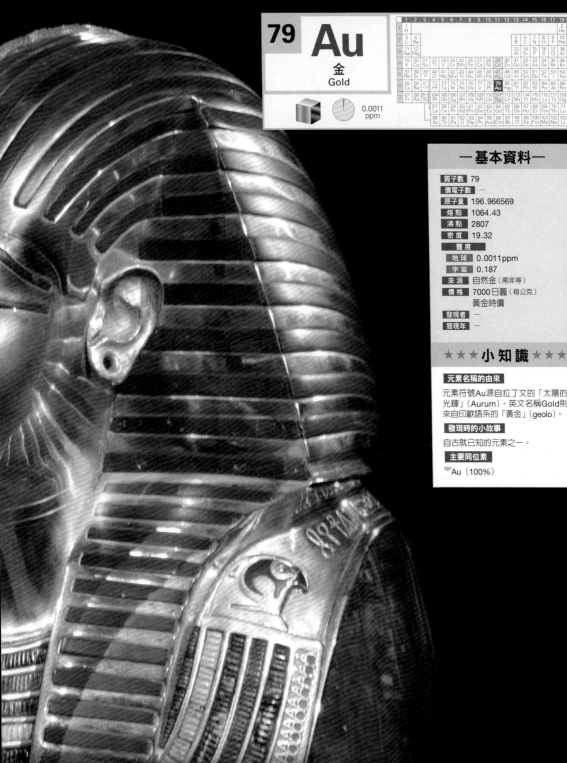

79	**Au**
	金
	Gold

0.0011 ppm

―基本資料―

質子數	79
價電子數	—
原子量	196.966569
熔點	1064.43
沸點	2807
密度	19.32
豐度	
地球	0.0011ppm
宇宙	0.187
來源	自然金（南非等）
價格	7000日圓（每公克） 黃金時價
發現者	—
發現年	—

★★★ 小知識 ★★★

元素名稱的由來

元素符號Au源自拉丁文的「太陽的光輝」（Aurum）。英文名稱Gold則來自印歐語系的「黃金」（geolo）。

發現時的小故事

自古就已知的元素之一。

主要同位素

^{197}Au（100%）

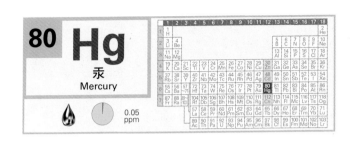

汞

曾經當成長生不老藥

汞是常溫（15～25℃）下唯一呈液態的金屬元素。俗稱水銀，是因為液態的汞像銀一樣有著銀白色光澤。古代中國將汞視為長生不老藥，據說在西元前221年統一中國的秦始皇的陵墓底下，就有一大片汞海。汞的化合物與蒸氣通常都有很強的毒性。1950年代，於日本熊本縣水俁市等地發生的水俁病，就是甲基汞的環境汙染造成的神經中毒疾病。

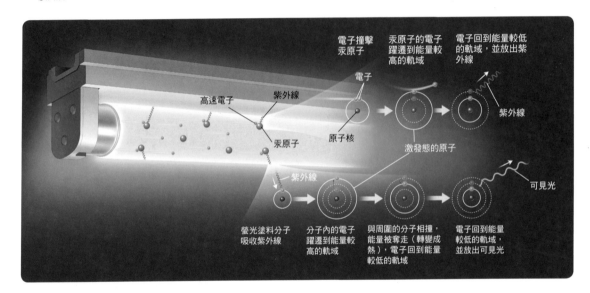

日光燈的發光原理（↑）

日光燈內部幾乎為真空狀態。施加電壓時，自電極飛出的電子撞擊玻璃管內的汞原子，使汞原子激發並躍遷至高能量狀態（激發態）。當激發態的汞原子回到原本的能量狀態（基態）時，會放出波長253奈米的紫外線。塗在日光燈內壁的螢光塗料分子吸收該紫外線後躍遷至激發態，之後回到基態時會放出可見光。

汞過去常用於製作體溫計、溫度計等。有些溫度計裝的是紅色液體，那是加入染紅石油的「酒精溫度計」。

─基本資料─

質子數	80	來源	自然汞、辰砂等
價電子數	—		（西班牙、俄羅斯等）
原子量	200.592	價格	116日圓（每公克）★
熔點	-38.87	發現者	—
沸點	356.58	發現年	—
密度	13.546		
豐度			
地球	0.05ppm		
宇宙	0.34		

★★★ 小 知 識 ★★★

元素名稱的由來

羅馬神話的商業之神「墨丘利」（mercurius）。

發現時的小故事

自古就已知的元素之一。

主要同位素

^{196}Hg（0.15%）、^{198}Hg（9.97%）、^{199}Hg（16.87%）、^{200}Hg（23.10%）、^{201}Hg（13.18%）、^{202}Hg（29.86%）、^{204}Hg（6.87%）

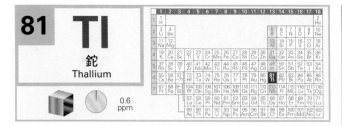

81 Tl

鉈
Thallium

0.6 ppm

━ 基本資料 ━

質子數 81
價電子數 3
原子量 204.382～204.385
熔點 304
沸點 1457
密度 11.85
豐度
　地球 0.6ppm
　宇宙 0.184
來源 硒鉈銀銅礦、紅鉈礦等
　　　　　　　　　　（美國等）
價格 1540日圓（每公克）★ 顆粒
發現者 克魯克斯（芬蘭）、
　　　　　拉密（法國）
發現年 1861年

★★★ 小知識 ★★★

元素名稱的由來
希臘文的「綠芽」（thallos）。

發現時的小故事
克魯克斯（William Crookes）與拉密（Claude-Auguste Lamy）同時發現。兩人的祖國曾為了誰才是「發現者」而爭論一時。

主要同位素
^{203}Tl（29.524%）、^{205}Tl（70.476%）

毒性很強

鉈的外觀與性質與鉛十分相似。硫酸鉈（Tl_2SO_4）的毒性很強，曾用來製作老鼠藥，現在則以毒性較低的殺鼠靈（warfarin）或香豆素類物質取代。另外，汞與鉈的合金熔點比汞還低，故可用於製作極寒地區用的溫度計。

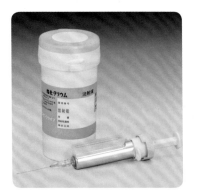

鉈的放射性同位素「鉈201」可製成心肌血流量檢查（心肌灌注掃描）時的注射液。此時使用的藥劑僅含有極微量的鉈，故無需擔心毒性問題。

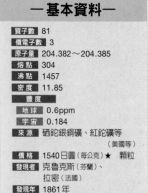

82 Pb

鉛
Lead

14 ppm

━ 基本資料 ━

質子數 82
價電子數 4
原子量 207.2
熔點 327.5
沸點 1740
密度 11.35
豐度
　地球 14ppm
　宇宙 3.15
來源 方鉛礦、白鉛礦等
　　　　　　　　（澳洲、中國等）
價格 220日圓（每公斤）◆
　　　　礦石
發現者 ―
發現年 ―

★★★ 小知識 ★★★

元素名稱的由來
元素符號Pb源自於拉丁文的「鉛」（plumbum）。

發現時的小故事
自古就已知的元素之一。

主要同位素
^{204}Pb（1.4%）、^{206}Pb（24.1%）、
^{207}Pb（22.1%）、^{208}Pb（52.4%）

鉛的熔點低、質地柔軟，易於加工。再加上不容易生鏽，故過去會用來製作水管，但鉛在體內累積恐造成健康問題，如今已禁止使用。

曾是藥物與顏料的鉛

自古以來在埃及、羅馬等地就會將鉛與鉛的化合物製成藥物與顏料。到了現代，鉛亦用於製作鉛蓄電池、鉛玻璃等。由二氧化矽與氧化鉛混合而成的鉛玻璃可屏蔽輻射。

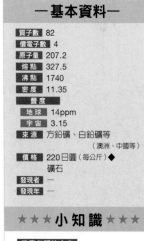

—基本資料—

質子數	83
價電子數	5
原子量	208.98040
熔點	271.3
沸點	1610
密度	9.747

豐度

地球	0.048ppm
宇宙	0.144

來源	輝鉍礦、鉍華（中國、澳洲等）
價格	1000日圓（每公克）■
	小片
發現者	傑弗羅 （Claude Geoffroy，法國）
發現年	1753年

★★★ 小知識 ★★★

元素名稱的由來

源自德文的「白色塊體」（wismut，新拉丁文為bisemutum）。

發現時的小故事

有很長一段時間，人們無法區分鉍和鉛、錫、銻等金屬，直到18世紀才確認其為單質金屬。

主要同位素

^{209}Bi（100%）

---

83 Bi

鉍
Bismuth

  0.048 ppm

日文名稱為「蒼鉛」

鉍是具有銀白色光澤的金屬（半金屬），既柔軟又脆弱。日文名稱為「蒼鉛」。鉍可用於製作火災發生時所用的自動灑水器零件及止瀉藥（次硝酸鉍）。

若加熱熔化鉍錠再緩慢冷卻，可形成美麗的晶體。表面的繽紛色澤源自非常薄的氧化層。

—基本資料—

質子數	84
價電子數	6
原子量	（209）
熔點	254
沸點	962
密度	9.32

豐度

地球	—
宇宙	—

來源	鈾礦（加拿大、澳洲等）
價格	—
發現者	居禮夫婦（法國）
發現年	1897年

★★★ 小知識 ★★★

元素名稱的由來

源自「波蘭」（Poland）。

發現時的小故事

從鈾礦取出強放射性物質的化學實驗中，單獨分離出來。

主要同位素

^{208}Po、^{209}Po、^{210}Po 等

---

84 Po

釙
Polonium

瑪麗・居禮　　　皮耶・居禮

居禮夫婦發現的元素

釙的同位素皆有放射性，會釋出α射線（參見第66頁）。若不慎攝入人體，恐會傷害內臟、組織細胞，操作時要謹慎。

1898年，出身於波蘭的物理學家瑪麗・居禮（Maria Curie，1867～1934）與丈夫法國物理學家皮耶・居禮（Pierre Curie，1859～1906）從含鈾礦物「瀝青鈾礦」（pitchblende）中發現釙與鐳（Ra）。

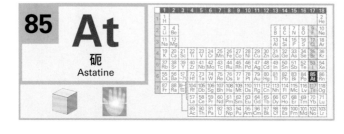

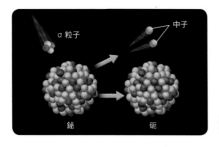

以 α 粒子撞擊鉍後
可得到砈。

期許用於治療癌症

砈不存在穩定同位素，半衰期也極短，故以希臘文的「astatos」（不穩定）
為元素名。目前僅在研究階段，未有實際應用，不過砈會放出殺傷細胞的 α
射線，未來或可用於治療癌症。

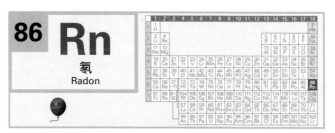

日本秋田縣仙北市
的玉川溫泉是著名
的氡溫泉。已知氡
溶於某些溫泉或地
下水中，不過相關
醫學效果仍然有待
調查。

擁有很強的放射性

氡屬於無色的惰性氣體，同位素皆有放射性。氡曾用於非破壞檢測及癌症治
療，但由於操作困難，現在多改以其他放射性物質代替。

豐富宮澤賢治作品的眾多元素和礦物

不輸給雨
不輸給風
不輸給雪 也不輸給夏天的炎熱
保有強健的身體
不受慾望控制
絕不發怒
總是靜靜地笑著

這是宮澤賢治（1896～1933）留在筆記上的詩《不畏風雨》的一節。應該有不少日本人從小就讀過，長大後仍記憶猶新吧。

該作品的作者宮澤賢治出生於1896年岩手縣里川口村（現在的花卷市），是經營二手衣物、當鋪的宮澤政次郎與妻子伊治的長男。宮澤賢治於盛岡高等農林學校畢業後，25歲時在當地農學校（現在的岩手縣立花卷農業高中）擔任教師。提

到宮澤賢治，就會想到《要求特別多的餐廳》、《銀河鐵道之夜》、《卜多力的一生》等知名著作，這些都是他在農學校指導學生種稻時寫下的作品。

他從小熱衷於植物或昆蟲採集、標本製作，也勤於蒐集礦物，家人都叫他「石子阿賢」。

以礦物描述的夢幻美麗世界

宮澤賢治對礦物的熱愛可從其著作中窺探一二。譬如《十力的金剛石》中，就用「天河石」描述龍膽花的藍色、用「矽孔雀石」描述葉子的翠綠、用「紅寶石」描述野玫瑰的鮮紅果實，將花草的美描寫得鮮活動人。

另外在《土神與狐狸》中，他用「沐浴在朝陽下的祂，身上彷彿淋了熔化的銅漿」來描述在朝陽下登場的土神樣貌。自然銅暴露在空氣中時，會氧化成比原本的橘紅色再紅一些的顏色。宮澤賢治十分了解自然銅的特徵，所以才用銅來描述朝陽的光輝。

在《伊哈托布農學校之春》中，有這麼一段文字：「那裡發出了驚人的亮光，比鎂光還要強烈、還要溫暖的光正一波一波地散發出來。像是拚了命般地發著光，哪裡髒呢？哪裡壞呢？」鎂在空氣中氧化時，會在黑暗中釋放藍白色的光芒。宮澤賢治將這種光芒比作「溫暖的光」，與遍布藍天的春日陽光形成對比。

宮澤賢治的作品充滿了對大自然的愛。如果我們也能稍微轉換一下心情，或許就能在平凡無奇的日常中看到夢幻般的美麗世界。

─基本資料─

質子數	87
價電子數	1
原子量	（223）
熔點	─
沸點	─
密度	─
豐度	
地球	─
宇宙	─
來源	鈾礦（加拿大、俄羅斯等）
價格	─
發現者	佩雷（法國）
發現年	1939年

★★★ 小知識 ★★★

元素名稱的由來
源自「法國」（France）。

發現時的小故事
觀察鋼衰變所生成的放射性元素時發現。

主要同位素
^{221}Fr、^{223}Fr

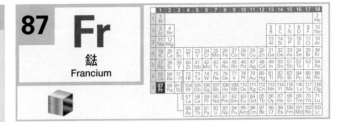

87 Fr
鈁
Francium

質量最大的鹼金屬

鈁為週期表中質量最大的鹼金屬，是觀察鋼衰變時發現的放射性元素（自然界亦存在極微量的鈁）。半衰期相當短，豐度也很低，幾乎沒有任何應用。再者，其化學性質也幾乎不明。

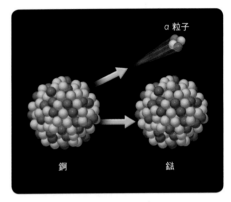

α 粒子

鋼　　　　　鈁

由居禮研究所的佩雷（Marguerite Perey，1909～1975）發現，並以母國法國命名為「鈁」。

─基本資料─

質子數	88
價電子數	2
原子量	（226）
熔點	700
沸點	1140
密度	5
豐度	
地球	0.0000006ppm
宇宙	─
來源	鈾礦（加拿大、俄羅斯等）
價格	─
發現者	居禮夫婦（法國）
發現年	1898年

★★★ 小知識 ★★★

元素名稱的由來
拉丁文的「光線、輻射」（radius）。

發現時的小故事
從鈾礦中分離出了放射性比鈾更強且與鋇相似的新元素。

主要同位素
^{223}Ra、^{224}Ra、^{226}Ra、^{228}Ra

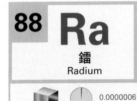

88 Ra
鐳
Radium

0.0000006
ppm

居禮夫婦發現的另一個元素

1898年，居禮夫婦發現鐳。瑪麗（居禮夫人）因持續暴露在鐳的輻射下，罹患白血病死亡（丈夫皮耶因交通事故去世）。鐳可用於醫療領域中的輻射治療，但在工業方面幾乎毫無用途。

過去在美國有個時鐘工廠，員工要將含鐳的夜光塗料塗在時鐘盤面上，後來陸續罹患癌症。

鐳的元素名稱「radium」源自拉丁文的「radius」（光線）。隨著鐳的發現，「radiation」（發光）被賦予「輻射」的意義，「radioactivity」（放射）一詞也相應而生。此外，放射性指的是釋放輻射的能力。

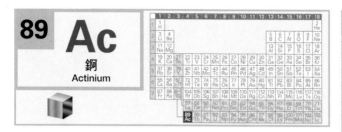

基本資料

質子數	89
價電子數	—
原子量	（227）
熔點	1050
沸點	3200
密度	10.06
豐度	
地球	—
宇宙	—
來源	鈾礦（加拿大等）
價格	—
發現者	戴比艾努 （André-Louis Debierne，法國）
發現年	1899 年

★★★ 小知識 ★★★

主要化合物

Ac_2O_3

主要同位素

^{225}Ac，^{227}Ac，^{228}Ac，^{229}Ac

期望用於癌症治療

錒為天然存在的銀白色元素，鈾礦中含有極微量的錒。錒具有放射性，在陰暗處會發出藍白色光芒（契忍可夫輻射）。目前無研究以外的用途，不過與砈（At）一樣或可用於治療癌症。

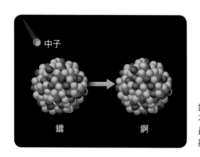

● 中子

鐳　　　錒

鐳受中子撞擊後生成錒。錒不存在穩定同位素，半衰期最長的同位素為「錒227」，約21.77年。

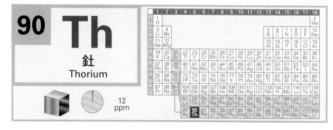

12 ppm

─基本資料─

質子數	90
價電子數	—
原子量	232.0377
熔點	1750
沸點	4790
密度	11.72
豐度	
地球	12ppm
宇宙	0.0335
來源	獨居石、釷石 （加拿大、澳洲等）
價格	—
發現者	貝吉里斯（瑞典）
發現年	1828 年

★★★ 小知識 ★★★

主要化合物

ThO，ThO_2

主要同位素

^{232}Th（100%）

煤氣燈
使用煤氣的照明燈（主要用於街燈）。釷可用於製作位於煤氣燈中心的「燈紗」（gas mantle）纖維，使煤氣燈燃燒時可放出強烈光芒。

可用於街燈照明

釷為銀白色金屬。置於常溫空氣中時，表面會形成一層氧化外膜，保護內部不被氧化。釷的地球含量豐富且廢棄物的毒性低，在印度將其作為核能發電的燃料。

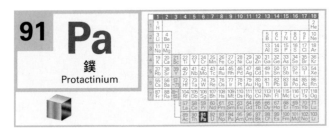

衰變後會變成錒

α衰變後會轉變成錒（Ac），故依此命名。與鉭（Ta）的化學性質相似。除了研究用途之外，「鏷231」還可用於測定海底沉積層的年代。

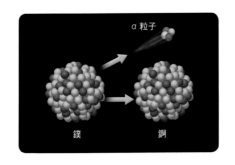

α粒子

鏷　　錒

—基本資料—

質子數	91	價電子數	—
原子量	231.03588	熔點	1840
沸點	—	密度	15.37（計算值）
豐度			
地球	—		
宇宙	—		
來源	由釷衰變而生成		
價格	—		
發現者	漢恩（德國）、麥特納（奧特利）、索迪與克蘭斯頓（John Cranston）（皆為英格蘭）各自發現		
發現年	1918年		

★★★ 小知識 ★★★

主要化合物　—
主要同位素
^{231}Pa（100%）

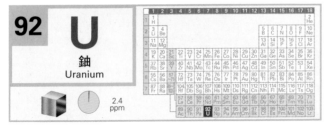

可用於發電

鈾原子核受中子撞擊後會發生核分裂反應。若核分裂連鎖反應持續發生，可產生極大的能量，這就是「核能發電」。另外，原子彈的原理是在瞬間進行大量核分裂連鎖反應。

以鈾作為發色劑的「鈾玻璃」。19世紀中葉至20世紀中葉期間，歐洲與美國製作了許多鈾玻璃。鈾玻璃在紫外燈下會發出黃綠色螢光。

—基本資料—

質子數	92	價電子數	—
原子量	238.02891	熔點	1132.3
沸點	3745	密度	18.950（α）
豐度			
地球	2.4ppm		
宇宙	0.0090		
來源	瀝青鈾礦（哈薩克等）		
價格	—		
發現者	克拉普羅特（德國）		
發現年	1789年		

★★★ 小知識 ★★★

主要化合物　—
主要同位素
^{235}U（0.720%）、^{238}U（99.274%）

2.4
ppm

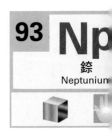

93 **Np**

鎿
Neptunium

海王星

質子數	93	價電子數	—
原子量	(237)	熔點	6
沸點	3900	密度	
豐度			
地球	—	宇宙	
來源	鈾礦		
	（加拿大、澳洲）		
價格			

94 **Pu**

鈽
Plutonium

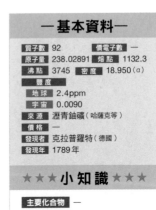

日本愛媛縣伊方核能發電

質子數	94	價電子數	—
原子量	(239)	熔點	6
沸點	3232	密度	
豐度			
地球	—	宇宙	
來源	鈾礦		
	（加拿大、澳洲		
價格			

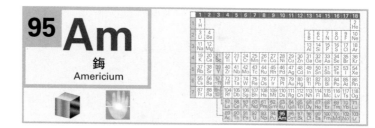

95 Am
鋂
Americium

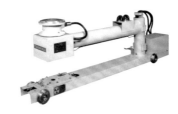

元素名稱源自「海王星」

鋂之後的元素稱為「超鈾元素」（transuranium element），皆是以加速器人工合成而得。鋂的元素名稱源自「海王星」（Neptune）。

在美國發現的元素

以中子照射鋂製成的元素。在美洲大陸發現，而將其命名為「鋂」。可運用於測量金屬厚度的機器（左圖）等。

— 基本資料 —

發現者	馬克密倫（Edwin McMillan）、艾貝爾森（Philip Abelson）（皆為美國）
發現年	1940年

★★★ 小知識 ★★★

主要化合物	主要同位素
NpO、NpO₂	^{239}Np

— 基本資料 —

質子數	95	價電子數	—
原子量	（243）	熔點	1172
沸點	2607	密度	13.67
豐度			
地球	0ppm	宇宙	—
來源	由鈽製造而來		
價格	—		

發現者	西博格、詹姆斯（Ralph James）、摩根（Leon Morgan）、吉歐索（Albert Ghiorso）（皆為美國）
發現年	1945年

★★★ 小知識 ★★★

主要化合物	主要同位素
—	—

96 Cm
鋦
Curium

在宇宙探測任務中發揮重要功能

以氦核照射鈽製成的元素。鋦是核能發電的燃料，亦可用於製作「核電池」，作為人造衛星與太空探測器等的能量來源。

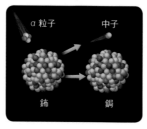

α粒子　　　中子

鈽　　　　鋦

以居禮夫婦為名

鋦曾是核電池的能量來源，現在幾乎沒有研究以外的用途（原子序96以後的元素基本上都是研究用）。元素名稱源自以放射性研究著名的居禮夫婦。

基本資料 —

發現者	西博格、甘迺迪（Joseph Kennedy）、華爾（Arthur Wahl）（皆為美國）
發現年	1940年

★★★ 小知識 ★★★

主要化合物	主要同位素
—	—

— 基本資料 —

質子數	96	價電子數	—
原子量	（247）	熔點	1340
沸點	—	密度	13.3
豐度			
地球	0ppm	宇宙	—
來源	核反應器		
價格	—		

發現者	西博格、詹姆斯、吉歐索（皆為美國）
發現年	1944年

★★★ 小知識 ★★★

主要化合物	主要同位素
—	—

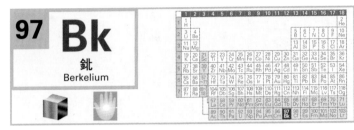

97 Bk 鉳 Berkelium

元素名稱來自大學名稱

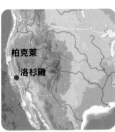

柏克萊
洛杉磯

以氦原子核（α粒子）撞擊鋂，合成而得的放射性金屬元素，呈現銀白色且柔軟。名稱源自發現者西博格教授所任教的「加州大學柏克萊分校」。該校的化學研究興盛，有許多諾貝爾獎得主。

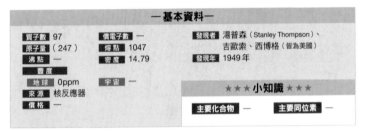

— 基本資料 —

質子數	97	價電子數	—	發現者	湯普森（Stanley Thompson）、
原子量	(247)	熔點	1047		吉歐索、西博格（皆為美國）
沸點	—	密度	14.79	發現年	1949年

豐度
地球 0ppm　宇宙 —
來源 核反應器
價格 —

★★★ 小知識 ★★★

主要化合物 —　　主要同位素 —

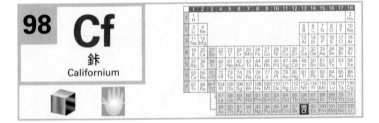

98 Cf 鉲 Californium

用於啟動核反應器

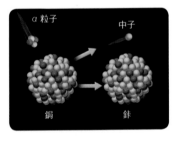

α粒子　　中子

鋂　　鉲

加州大學柏克萊分校發現的元素，以氦原子核（α粒子）撞擊鋂合成而得。由於不需要外部刺激也能發生核分裂反應（自發核分裂），故可用於啟動核反應器。

— 基本資料 —

質子數	98	價電子數	—	發現者	湯普森、史翠特（Kenneth Street Jr.）、
原子量	(251)	熔點	900		吉歐索、西博格（皆為美國）
沸點	—	密度	—	發現年	1950年

豐度
地球 0ppm　宇宙 —
來源 核反應器
價格 —

★★★ 小知識 ★★★

主要化合物 —　　主要同位素 —

99 Es 鑀 Einsteinium

愛因斯坦

— 基本資料 —

質子數	99	價電子數	—
原子量	(252)	熔點	860
沸點	—	密度	—

豐度
地球 0ppm　宇宙 —
來源 核反應器
價格 —

100 Fm 鐨 Fermium

費米

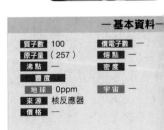

— 基本資料 —

質子數	100	價電子數	—
原子量	(257)	熔點	—
沸點	—	密度	—

豐度
地球 0ppm　宇宙 —
來源 核反應器
價格 —

冷戰期間在美國發現

國於1952年時執行了人類史上首

氫彈試爆實驗，從灰燼中偶然發現

。該發現在冷戰期間屬於軍事機

，3年後才公開發表。元素名稱源

著名物理學家愛因斯坦（Albert

stein，1879～1955）。

現者	哈威（Bernard Harvey，英格蘭）、蕭賓（Gregory Choppin）、湯普森、吉歐索（皆為美國）
現年	1952 年

★★★ 小知識 ★★★

要化合物	—	主要同位素	—

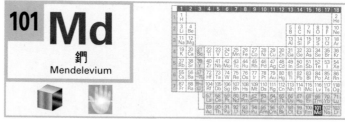

101 Md
鍆
Mendelevium

以門得列夫為名

以氦原子核（α粒子）撞擊鎄，合成
而得的放射性元素。發現者為西博格
等人，並以提出週期表的門得列夫為
名（右圖為蘇聯時代發行硬幣上的門
得列夫）。

─基本資料─

質子數	101	價電子數	—	發現者	哈威（英格蘭）、蕭賓、湯普森、吉歐索、西博格（皆為美國）
原子量	(258)	熔點	—	發現年	1955 年
沸點	—	密度	—		
豐度					
地球	0ppm	宇宙	—		
來源	以加速器合成				
價格	—				

★★★ 小知識 ★★★

主要化合物	—	主要同位素	—

在氫彈試爆實驗中發現的
另一種元素

鎄一樣是在氫彈試爆實驗的灰燼中

現的元素。元素名稱來自世界上第

同完成核反應器的人 ── 義大利出

的原子物理學家費米（Enrico

mi，1901～1954）。

現者	湯普森、吉歐索等人（皆為美國）
現年	1949 年

★★★ 小知識 ★★★

要化合物	—	主要同位素	—

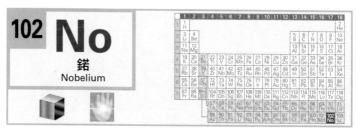

102 No
鍩
Nobelium

決定名稱時的糾紛

諾貝爾

關於原子序102的元素，蘇聯研究團隊主張以
物理學家約里奧-居禮（Irène Joliot-Curie，
1897～1956，居禮夫婦的女兒）命名為
「joliotium」，瑞典等研究團隊則主張以發明
矽藻土炸藥的諾貝爾（Alfred Nobel，1833～
1896）命名為「nobelium」。

─基本資料─

質子數	102	價電子數	—	發現者	西博格、吉歐索等人（皆為美國）
原子量	(259)	熔點	—	發現年	1958 年
沸點	—	密度	—		
豐度					
地球	0ppm	宇宙	—		
來源	以加速器合成				
價格	—				

★★★ 小知識 ★★★

主要化合物	—	主要同位素	—

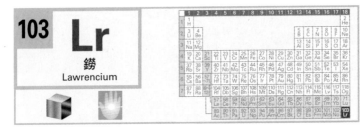

103 Lr
鐒
Lawrencium

錒系元素的最後一個元素

鐒是錒系元素（參見第202頁）的最後一個元素，元素名稱源自發明了「迴旋加速器」的美國物理學家勞倫斯（Ernest Lawrence，1901～1958）。

勞倫斯

— 基本資料 —

質子數 103	價電子數 —	發現者 吉歐索等人（美國）	
原子量 （266）	熔點 —	發現年 1961年	
沸點 —	密度 —		
豐度			
地球 0ppm	宇宙 —		
來源 以加速器合成		★★★ 小知識 ★★★	
價格 —		主要化合物 — 主要同位素 —	

104 Rf
鑪
Rutherfordium

原子物理學之父

元素名稱源自英國物理學家拉塞福（Ernest Rutherford，1871～1937）。拉塞福發現原子核，並藉由粒子對撞成功完成「人工核蛻變」，在科學研究上有諸多重要貢獻，被譽為原子物理學之父。

拉塞福於1908年獲得了諾貝爾化學獎。

— 基本資料 —

質子數 104	價電子數 —	發現者 吉歐索（美國）等人的研究團隊	
原子量 （267）	熔點 —	發現年 1969年	
沸點 —	密度 23（計算值）		
豐度			
地球 0ppm	宇宙 —		
來源 以加速器合成		★★★ 小知識 ★★★	
價格 —		主要化合物 — 主要同位素 —	

105 Db
𨧀
Dubnium

源自俄羅斯地名

1970年至1971年，蘇聯的弗列洛夫（Georgy Flyorov，1913～199）團隊以氖（^{22}Ne）離子撞擊鋂，美的吉歐索團隊以氮（^{15}N）離子撞鉳，皆成功合成原子序105的元素各自發表。最後科學界決定以弗列夫團隊的研究所地點「杜布納」（Dubna）為元素命名。

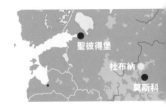

聖彼得堡
杜布納
莫斯科

106 Sg
𨭎
Seaborgium

在世時就成為元素名稱的西博格

為表彰美國化學家暨諾貝爾化學獎主西博格（Glenn Seaborg，1912～1999）在超鈾元素研究重大貢獻，於他在世時就以其名為素命名。西博格在其生涯中共參與9個元素（一半以上為錒系元素）合成實驗。

基本資料

質子數	105
價電子數	—
原子量	（268）
熔點	—
沸點	—
密度	29
豐度	
地球 0ppm	宇宙 —
來源	以加速器合成
價格	—
發現者	弗列洛夫（俄羅斯）等人的研究團隊、吉歐索（美國）等人的研究團隊
發現年	1970年

★★★ 小知識 ★★★

主要化合物 —	主要同位素 —

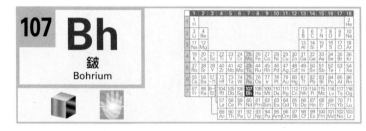

107 Bh
鈹
Bohrium

波耳

發現電子殼層的波耳

元素名稱源自於丹麥物理學家波耳（Niels Bohr，1885~1962）。在尚不明瞭原子結構的20世紀前半，波耳認為原子核周圍的電子會在特定形狀、特定半徑的軌道（電子殼層）上運動。

基本資料

		發現者	阿姆布雷斯特（Peter Armbruster）、明岑貝格（Gottfried Münzenberg）（皆為德國）等人的研究團隊
質子數 107	價電子數 —		
原子量 （270）	熔點 —		
沸點 —	密度 37（計算值）	發現年 1981年	
豐度			
地球 0ppm	宇宙 —		
來源 以加速器合成			
價格 —			

★★★ 小知識 ★★★

主要化合物 —	主要同位素 —

基本資料

質子數	106
價電子數	—
原子量	（271）
熔點	—
沸點	—
密度	35（計算值）
豐度	
地球 0ppm	宇宙 —
來源	以加速器合成
價格	—
發現者	吉歐索（美國）等人的研究團隊
發現年	1974年

★★★ 小知識 ★★★

主要化合物 —	主要同位素 —

合成的「勞倫斯柏克萊國家
室」（LBNL）位於加州大學
萊分校。

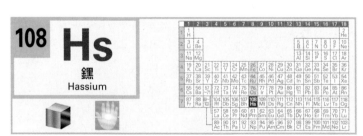

108 Hs
鏍
Hassium

德國

黑森邦

以鉛撞鐵合成而得

德國黑森邦（拉丁文為「Hassia」）的研究機構在加速器內以鐵（^{58}Fe）離子撞擊鉛，成功合成出鏍。1997年認定為新元素。

基本資料

		發現者	阿姆布雷斯特、明岑貝格（皆為德國）等人的研究團隊
質子數 108	價電子數 —		
原子量 （277）	熔點 —		
沸點 —	密度 41（計算值）	發現年 1984年	
豐度			
地球 0ppm	宇宙 —		
來源 以加速器合成			
價格 —			

★★★ 小知識 ★★★

主要化合物 —	主要同位素 —

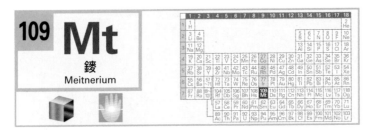

以鉍與鐵合成

以鐵（^{58}Fe）離子撞擊鉍合成而得。元素名稱源自奧地利物理學家麥特納（Lise Meitner，1878～1968，左方郵票上的人物），她與德國化學家暨物理學家漢恩（Otto Hahn，1879～1968）一起發現核分裂。

—基本資料—

質子數 109	價電子數 —	發現者 阿姆布雷斯特、明岑貝格（皆為德國）	
原子量 （278）	熔點 —	等人的研究團隊	
沸點 —	密度 —	發現年 1982年	
豐度			
地球 0ppm	宇宙 —		
來源 以加速器合成		★ ★ ★ 小知識 ★ ★ ★	
價格 —		主要化合物 — 主要同位素 —	

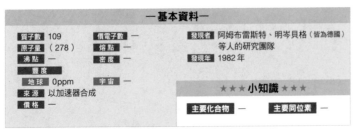

半衰期極短

達母斯塔特

原子序110的元素是以成功合成該元素的重離子研究所（GSI）所在地德國黑森邦「達母斯塔特」（Darmstadt）命名。此外，同位素「鐽269」的半衰期只有0.00017秒。

—基本資料—

質子數 110	價電子數 —	發現者 阿姆布雷斯特、	
原子量 （281）	熔點 —	何夫曼（Sigurd Hofmann）（皆為德國）	
沸點 —	密度 —	等人的研究團隊	
豐度		發現年 1994年	
地球 0ppm	宇宙 —		
來源 以加速器合成		★ ★ ★ 小知識 ★ ★ ★	
價格 —		主要化合物 — 主要同位素 —	

發現X射線後時隔約100≠

德國的物理學家侖琴（Wilhe
Röntgen，1845～1923）於18
年發現X射線。時隔約100≠
（1994年）發現錀，故以侖琴的
字命名。

侖琴在使用克魯克斯管（上圖）的實
發現，管表面發出的「未知射線」會
然放在遠處的螢光板發光，並將其命
「X射線」。

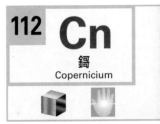

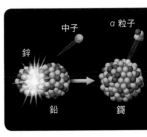

—基本資料—

質子數 112	價電子數 —		
原子量 （285）	熔點 —		
沸點 —	密度 —		
豐度			
地球 0ppm	宇宙 —		
來源 以加速器合成			
價格 —			

基本資料

質子數	111
價電子數	—
原子量	（282）
熔點	—
沸點	—
密度	—
豐度	
地球	0ppm
宇宙	—
來源	以加速器合成
價格	—
發現者	阿姆布雷斯特、何夫曼（皆為德國）等人的研究團隊
發現年	1994年

★★★ 小知識 ★★★

主要化合物 —　　主要同位素 —

倡導日心說的哥白尼

鋅（^{70}Zn）離子撞擊鉛合成出來的……素。元素名稱源自倡導日心說（地……說）的天文學家哥白尼（Nicolaus ……opernicus，1473～1543）。公開……式元素名稱的日子「2月19日」正……是他的生日。

現者 阿姆布雷斯特、何夫曼（皆為德國）等人的研究團隊
現年 1996年

★★★ 小知識 ★★★

要化合物 —　　要同位素 —

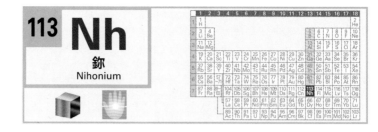

113 Nh
鉨
Nihonium

日本暨亞洲的首次元素命名

以直線加速器使鋅（^{70}Zn）離子撞擊鉍原子核，於2004年7月成功合成而得（2005年4月與2012年8月也成功）。其中第三次合成時（2012年8月）確認到出現6次 α 衰變，成了決定性證據，讓日本理化學研究所團隊獲得命名權。

位於埼玉縣和光市的紀念地標

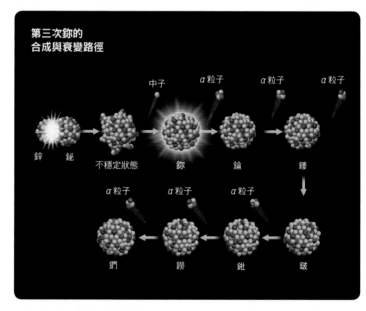

第三次鉨的合成與衰變路徑

鋅　鉍　不穩定狀態　鉨　錀　鎴

鉚　鐒　鈢　鐽

基本資料

質子數	113	價電子數	—
原子量	（286）	熔點	—
沸點	—	密度	—
來源			
地球	0ppm	宇宙	—
豐度	以加速器合成		
價格	—		
發現者	以森田浩介為核心的理化學研究所團隊		

發現年　2004 年

★★★ 小知識 ★★★

元素名稱的由來
亞洲首次發現新元素的壯舉，以發現國日本（Nihon）命名。

主要化合物 —　　主要同位素 —

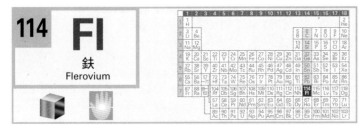

114 Fl

鈇
Flerovium

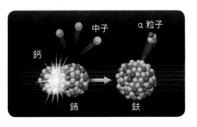

重離子物理學的開拓者

弗列洛夫核反應實驗室（FLNR，俄羅斯）與勞倫斯利弗摩國家實驗室（LLNL，美國）組成共同研究團隊，以鈣（^{48}Ca）離子撞擊鈽合成而得。元素名稱源自重離子物理學的先驅——俄羅斯的弗列洛夫。

中子　α粒子

鈣

鈽　鈇

─基本資料─

質子數	114	價電子數	4
原子量	（289）	熔點	―
沸點	―	密度	―
豐度			
地球	0ppm	宇宙	―
來源	以加速器合成		
價格	―		
發現者	奧加涅相(俄羅斯)等人的研究團隊、穆狄（Ken Moody，美國）等人的研究團隊		
發現年	1999年		

＊＊＊小知識＊＊＊

主要化合物	―	主要同位素	―

115 Mc

鏌
Moscovium

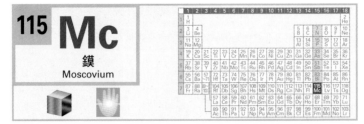

Ununpentium

發現鈇之後過了3年，於2003年合成而得。元素名稱源自該研究機構的所在地俄羅斯「莫斯科州」（Moscow Oblast）。在決定正式名稱以前是以「ununpentium」（Uup）來稱呼該元素。

─基本資料─

質子數	115	價電子數	―
原子量	（290）	熔點	―
沸點	―	密度	―
豐度			
地球	0ppm	宇宙	―
來源	以加速器合成		
價格	―		
發現者	俄羅斯與美國的共同研究團隊		
發現年	2003年		

＊＊＊小知識＊＊＊

主要化合物	―	主要同位素	―

杜布納聯合核研究所（JINR：左圖為總部）的研究團隊以鈣（^{48}Ca）離子撞擊鎇成功合成。

116 Lv

鉝
Livermorium

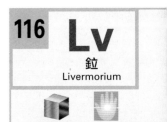

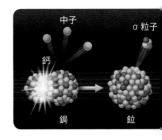

中子　α粒子

鈣

鋦　鉝

─基本資料─

質子數	116	價電子數	6
原子量	（293）	熔點	―
沸點	―	密度	―
豐度			
地球	0ppm	宇宙	―
來源	以加速器合成		
價格	―		

117 Ts

础
Tennessine

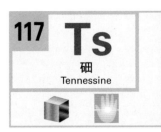

以鈣撞擊鉳合成而得

由俄羅斯與美國的共同研究團隊，弗列洛夫核反應實驗室耗時7個月行實驗，終於成功合成。元素名稱源自團隊之一的美國橡樹嶺國家實驗室（ORNL）所在地「田納西州」（Tennessee）。

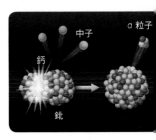

中子　α粒子

鈣

鉳

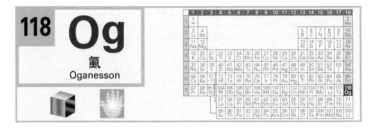

118 Og

氬
Oganesson

田納西州
華盛頓
橡樹嶺

與鈇的發現者相同

發現原子序114元素（鈇）的共同研究團隊以鈣（^{48}Ca）離子撞擊鉕合而得。原子序116的元素以勞倫斯弗摩國家實驗室（LLNL）命名為「鉝」。

目前最重的元素

目前發現的最重元素。以鈣（^{48}Ca）離子撞擊鉳合成而得。元素名稱是源自於俄羅斯的物理學家奧加涅相（Yuri Oganessian，1933~ ）。

—基本資料—

質子數 118	價電子數 —		發現者	俄羅斯與美國的共同研究團隊
原子量 （294）	熔點 —		發現年	2002年
沸點 80 ± 30（估計）				
密度 13.65（估計）				
豐度				
地球 0ppm	宇宙 —			
來源 以加速器合成			★★★ 小知識 ★★★	
價格 —			主要化合物 —	主要同位素 —

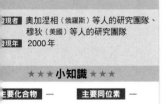

發現者 奧加涅相（俄羅斯）等人的研究團隊、穆狄（美國）等人的研究團隊
發現年 2000年

★★★ 小知識 ★★★

主要化合物 —　　主要同位素 —

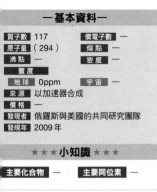

—基本資料—

質子數 117	價電子數 —
原子量 （294）	熔點 —
沸點 —	密度 —
豐度	
地球 0ppm	宇宙 —
來源 以加速器合成	
價格 —	
發現者 俄羅斯與美國的共同研究團隊	
發現年 2009年	

★★★ 小知識 ★★★

主要化合物 —　　主要同位素 —

弗列洛夫核反應實驗室位於杜布納聯合核研究所（INR）內。

專欄 COLUMN　原子序越大的元素越不穩定

自然界中能穩定存在的元素，最大只到原子序92的鈾。這是因為當原子序越大（＝質子數越多），質子與質子間的靜電斥力就越強。靜電斥力越強，核力（nuclear force，質子與中子之間如「膠水」般的力）就越難把質子與中子綁在一起，會在短時間內發生核分裂而衰變，也就是分裂成多個原子序較小的元素。

原子序越大的元素，原子核的穩定度就越低，核融合反應不容易成功（成功合成的機率越低）。舉例來說，鈽（Pu）的同位素「鈽239」半衰期約為2萬4000年，和地球年齡（約45~46億年）或宇宙年齡（約138億年）相比，算是十分短暫的時間。再者，元素的原子序越大其原子核就有越不穩定的傾向，譬如鉨（Nh）的半衰期只有1000分之2毫秒。

🔍 基本用語解說

α 衰變
不穩定的原子核釋放出氦原子核，轉變成其他元素的過程。

β 衰變
中子數過多時，原子核內的 1 個中子會轉變成 1 個質子（負 β 衰變）。質子數過多時，1 個質子會轉變成 1 個中子（正 β 衰變）。發生 β 衰變時會放出 β 射線（電子或正電子）。

γ 衰變
原子核從高能量狀態轉變成低能狀態時，釋放出 γ 射線的過程。

八度律
紐蘭茲於1864年發現的規則：元素與其後第 8 個元素具有類似的性質。不過原子量大的元素不適用這個規則，所以未被世人普遍認同。

三元素組
德貝萊納於1829年注意到溴的活性與氯、碘十分相似。而且「鈣、鍶、鋇」與「硫、硒、碲」的性質也很相似，於是將其命名為「三元素組」。

元素
表示原子種類的名稱。譬如氧與氫無法再分割成其他物質，這種由單一種類的原子所構成的物質稱為「元素」。

元素名稱
經IUPAC討論後決定的名稱。訂定名稱並沒有什麼特殊限制，所以元素名稱的由來五花八門，可以是發現者、天體、神的名字，又或是氣味、顏色等。

分子
由原子彼此結合，形成原子集團的粒子。

加速器
以電能將電子、質子、原子核等粒子加速、撞擊目標並融合，以製造出新元素的裝置。

半金屬
性質介於金屬與非金屬之間的元素或物質。

半衰期
放射性同位素衰變，使數量變成一半所需的時間。

半導體
導電度遜於導體的物質。溫度越高，導電度越高。

同位素
原子序相同（質子數相同），中子數不同的元素。另外，元素符號左上的數字（例：^{2}H等）稱為質量數。質量數為質子與中子的加總，大致等於該原子的質量。

同素異形體
如鑽石與石墨這樣，雖由同一個元素構成但性質各異的物質。

地螺旋
1862年，尚古爾多阿將元素排列在螺旋上，發現性質相似的元素會排在同一條縱線上，將其稱為「地螺旋」並公開發表。但因為太難理解，多數人不接受他的理論。

自由電子
金屬晶體內，原子最外側的電子殼層會互相重疊，相連在一起。自由電子可透過這些電子殼層在原子間自由移動。金屬的性質大多來自自由電子。

自然元素／人造元素
地球上自然存在的元素從氫到鈾共92種。為了觀察自然界中無法穩定存在的元素，而以人工方式合成的則稱為人造元素。

自發核分裂
自發性發生的核分裂現象。常出現於中子、質子過多的原子核。

典型元素
第 1、2、12～18族的元素。同一族的元素通常擁有相似性質。

延展性
金屬擁有的特性，可以打得很薄（展性）或是拉得很細長（延性）。

放射性
釋放出輻射（放射線）的能力。

放射性同位素
會釋放出高能量粒子束的輻射或光（電磁波）的同位素。

舍密開宗
日本江戶時代宇田川榕菴的著作，是日本第一本系統化的化學書。

金屬
可以敲打成薄片或拉成細線，能導電、導熱，且擁有特殊光澤的元素或物質。

非金屬
金屬以外的元素或物質，不具有金屬性質。

原子
原子的中心有一個帶正電的原子核，其周圍有許多帶負電的電子飛來飛去。

原子序
原子核內的質子數。質子數是決定原子種類（元素）的要素。

原子核
由帶正電的質子與不帶電的中子這 2 種粒子組成。

原子量
設碳同位素（碳12：^{12}C）的質量為12時，各原子的相對質量。道爾頓曾以設氫原子的質量為 1 時，各子的相對質量為原子量。

核力
作用於質子與中子之間如「膠水」般的吸引力。

核子
質子與中子。

核分裂

鈾等原子核吸收中子之後一分為二，各自形成不同新原子的過程。

核融合反應

某個原子核與另一個原子核由於某些原因彼此接觸，互相融合並變成另一種原子核（成為原子序更大的元素）的現象。

副殼層

電子殼層中填入電子的地方，可再分成多個副殼層。K層只有1s軌域，L層有2s、2p軌域，M層有3s、3p、3d軌域……每往外一個殼層，就多一種副殼層。

強磁性元素

可成為磁鐵的元素。單質的強磁性元素無法製成永久磁鐵，必須「混入雜質」才行。

族

元素週期表（長式週期表）的縱行。原子最外電子殼層的電子數相同的元素會排在同一族。

都市礦山

廢棄小型家電（電子產品）內含的有用金屬資源。未來可望開發出能從消費者那裡回收產品，並以高效率低成本的方式回收高純度金屬的技術。

鹵素

第17族元素。傾向從其他原子那裡獲得 1 個電子，成為 1 價陰離子。

惰性氣體

第18族元素。非常穩定，幾乎不會與其他元素反應。

游離能

原子釋放出 1 個電子時所需的能量。游離能越小的元素，越容易形成陽離子。

焰色反應

將含有特定元素的物質投入火焰時，產生該元素特有火光的反應。

稀土（稀土元素）

鑭系元素再加上鈧、釔後的共17種元素。

稀有金屬

一般而言，是指因為某些理由而產量稀少的金屬或半金屬。稀有金屬的種類會因為研究者及國家定義而有所不同（例如日本的經濟產業省於1980年代將47種元素訂定為稀有元素）。

絕緣體

不導電的物質。

超重元素

原子序104（鑪）以後的元素，也稱為超錒系元素或錒系後元素。

週期

週期表（長式週期表）的橫列。電子殼層數目相同的元素會排在同一個週期。

週期表

元素的分類表。俄羅斯化學家門得列夫於1869年發表。當時是依照原子量來排列元素，後來則改用原子序排序。

週期律

依照原子序（質子數）排列元素時，擁有相似性質的元素會週期性出現的規律。

過渡元素

第3~11族的元素。每個元素的電子數各不相同，但最外殼層的電子數都一樣，所以過渡元素擁有類似性質。

電子組態

電子分布於原子核周圍的電子殼層。電子殼層由內層算起分別是K層、L層、M層，各層最多可容納的電子數分別是 2 個、8 個、18個。

電子親和力

原子獲得 1 個電子時釋放的能量。對電子吸引力越強的元素，電子親和力越大（越容易形成陰離子）。

導體

容易導電、導熱的物質。

錒系元素

從原子序89的錒（Ac）到原子序103的鐒（Lr），共15種元素。

鍊金術師

嘗試將鐵、鉛這類便宜金屬轉變成黃金等貴金屬的人。其中一位名叫布蘭德的鍊金術師發現了磷（P）。

離子

帶正電或負電的原子（原子團）。原子失去電子時會成為帶正電的「陽離子」，獲得電子時會成為帶負電的「陰離子」。

魔數

使原子核穩定的質子數或中子數，已知的魔數包括 2、8、20、28、50、82、126、152。質子或中子的數目為這些數字的同位素，狀態相對穩定（壽命較長）。

鹼土金屬

第 2 族元素。與鹼金屬相比，熔點較高且密度較大。

鹼金屬

除了氫以外的第 1 族元素，活性相當大。

鑭系元素

從原子序57的鑭（La）到原子序71的鎦（Lu），共15種元素。

Index

▼ 索引

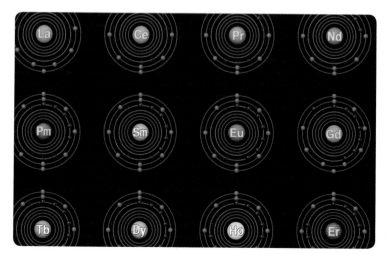

Staff

Editorial Management	木村直之	Design Format	小笠原真一（株式会社ロッケン）
Editorial Staff	中村真哉，上島俊秀	DTP Operation	村岡志津加
Writer	薬袋摩耶		

Photograph

014	ohms1999/stock.adobe.com	144-145	Newton Press,
020	SUNchese/stock.adobe.com		Dmitry Pichugin/stock.adobe.com
020-021	JUAN CARLOS MUNOZ/stock.adobe.com	145	nimon_t/stock.adobe.com
021	macs/stock.adobe.com	146-147	shochanksd/stock.adobe.com
022-023	Mazur Travel/stock.adobe.com	147	photographyfirm/stock.adobe.com
023	zephyr_p/stock.adobe.com	148	fablok/stock.adobe.com, furtseff/stock.
024	TOMO/stock.adobe.com		adobe.com, NorGal/stock.adobe.com
025	えみ，L.tom/stock.adobe.com,	149	megaflopp/stock.adobe.com,
	cassis/stock.adobe.com		Josiah.S/stock.adobe.com
026	Minakryn Ruslan/stock.adobe.com	150	Urric/stock.adobe.com
027	bigjo/stock.adobe.com,	151	株式会社日立国際電気,
	vitaly tiagunov/stock.adobe.com		Björn Wylezich/stock.adobe.com,
028-029	NASA, ESA, and the Hubble Heritage		kikisora/stock.adobe.com
	Team (STScI/AURA)	152	天然色工房 tezomeya, Kim/stock.adobe.com
039	Newton Press	153	Newton Press, 幸達 竹内/stock.adobe.com,
052-053	natros/stock.adobe.com		electriceye/stock.adobe.com
062-063	東北大学史料館	155	国立国会図書館
089	aquatarkus/stock.adobe.com	156	夕志 大沢/stock.adobe.com
094-095	oka/stock.adobe.com	157	kurosuke/stock.adobe.com
095	古河電気工業株式会社		Antonio Gravante/stock.adobe.com
102-103	malajscy/stock.adobe.com, marcel/	158	京セラ株式会社, Björn Wylezich/stock.
	stock.adobe.com, ads861/stock.		adobe.com, Jakkarin/stock.adobe.com,
	adobe.com, vacant/stock.adobe.com,		Adrian Costea/stock.adobe.com
	Björn Wylezich/stock.adobe.com,	159	Lakeview Images/stock.adobe.com
	Kim/stock.adobe.com, 国立国会図書館,	160	日本メジフィジックス株式会社
	VTT Studio/stock.adobe.com		（提供元：慶應義塾大学病院）,
108-109	Archivist/stock.adobe.com		mizar_21984/stock.adobe.com
112	Kim/stock.adobe.com,	161	Дмитрий Ульяненко/stock.adobe.com
	Nektarstock/stock.adobe.com	162	a_text/stock.adobe.com,
113	日本ガイシ株式会社, marcel/stock.		vizafoto/stock.adobe.com
	adobe.com, AlenKadr/stock.adobe.com	164	星空マニア, Scanrail/stock.adobe.com
115	Stanislau_V/stock.adobe.com	165	Björn Wylezich/stock.adobe.com,
119	気象庁		hanahal/stock.adobe.com,
120	Caito/stock.adobe.com,		moonrise/stock.adobe.com,
	Björn Wylezich/stock.adobe.com,		1827photography/stock.adobe.com
	信敏 佐藤/stock.adobe.com	166	Aleksey/stock.adobe.com,
121	f11photo/stock.adobe.com		Björn Wylezich/stock.adobe.com,
123	石油天然ガス・金属鉱物資源機構	167	Ragnarocks/stock.adobe.com,
	（JOGMEC）		Amnatdpp/stock.adobe.com
125	sorranop01/stock.adobe.com,	168	国立研究開発法人情報通信機構（NICT）,
	洋祐 平野/stock.adobe.com		samunella/stock.adobe.com
126	Björn Wylezich/stock.adobe.com,	169	nothing1223/stock.adobe.com,
	usk75/stock.adobe.com		Björn Wylezich/stock.adobe.com
127	pepebaeza/stock.adobe.com	170	Newton Press, Fototocam/stock.adobe.com
129	suzu/stock.adobe.com	171	Björn Wylezich/stock.adobe.com
130	image360/stock.adobe.com	172	repro by H. Grobe,
131	Pako/stock.adobe.com,		funny face/stock.adobe.com
	Björn Wylezich/stock.adobe.com,	173	Björn Wylezich/stock.adobe.com,
	和義 大成/stock.adobe.com		photo 34/stock.adobe.com
132	Vinícius Bacarin/stock.adobe.com,	174	株式会社日本ルミナス,
	ss404045/stock.adobe.com		exentia/stock.adobe.com
133	ads861/stock.adobe.com	175	WesternDevil,
136	vadim_petrakov/stock.adobe.com		Björn Wylezich/stock.adobe.com
137	Björn Wylezich/stock.adobe.com,	176	Björn Wylezich/stock.adobe.com
	makieni/stock.adobe.com	177	pikumin/stock.adobe.com,
138	TOTO 株式会社		Nada/stock.adobe.com
139	Andrey/stock.adobe.com,	178	日本タングステン株式会社,
	malajscy/stock.adobe.com		Björn Wylezich/stock.adobe.com,
140	nancy10/stock.adobe.com,		VTT Studio/stock.adobe.com
	akoji/stock.adobe.com	179	marcel/stock.adobe.com,
141	Velizar Gordeev/stock.adobe.com		Björn Wylezich/stock.adobe.com
142	Björn Wylezich/stock.adobe.com	180	日本特殊陶業株式会社
143	sotopiko/stock.adobe.com	181	国立研究開発法人産業技術総合研究所
144	Terry/stock.adobe.com,		（AIST）, Björn Wylezich/stock.adobe.
	ImageArt/stock.adobe.com		com, Zaramella/stock.adobe.com
		182	photobc1/stock.adobe.com

182-183	Argus/stock.adobe.com
184	marcel/stock.adobe.com,
	Anton/stock.adobe.com
185	富士フイルム富山化学株式会社,
	R R/stock.adobe.com
186	Björn Wylezich/stock.adobe.com,
	Archivist/stock.adobe.com
187	sum41/stock.adobe.com
190	vacant/stock.adobe.com
191	paylessimages/stock.adobe.com

192	dave/stock.adobe.com,
	Yoshinori Okada/stock.adobe.com
193	東芝インフラシステムズ株式会社
195	Starover Sibiriak/stock.adobe.com,
	Juulijs/stock.adobe.com
196	coralimages/stock.adobe.com
198	zatletic/stock.adobe.com,
	pixxelmixx/stock.adobe.com
199	Newton Press

Illustration

Cover Design	小笠原真一（株式会社ロッケン）
002-003	Newton Press
008-009	Newton Press
010-011	嵐 義明
012～019	Newton Press
027	Newton Press
029～043	Newton Press
044-045	Newton Press・高橋悦子
046～065	Newton Press
066～071	Newton Press・加藤愛一
072～085	Newton Press
086-087	吉原成行
088～097	Newton Press
098～201	Newton Press，谷合 稔
110	Newton Press・Archivist/stock.adobe.com
122	designua/stock.adobe.com
130	岸野敏彦

132	pp7/stock.adobe.com
135	Emilio Ereza/stock.adobe.com
141	吉原成行，アンモニウムイオンの3Dモデル
	（日本蛋白質構造データバンク：PDBj）
154	羽田野乃花,
	Marina Gorskaya/stock.adobe.com
156	Vizphotos/stock.adobe.com
159	aki/stock.adobe.com
170	makoto-garage.com/stock.adobe.com
171	dottedyeti/stock.adobe.com
177	株式会社メディカルネット
180	岡本三紀夫
188-189	viewwarit/stock.adobe.com・
	わたほこり/stock.adobe.com
192	crimson/stock.adobe.com
198	Juulijs/stock.adobe.com
201	Newton Press・boreala/stock.adobe.com

Galileo科學大圖鑑系列09

VISUAL BOOK OF THE ELEMENTS

元素大圖鑑

作者／日本Newton Press

特約主編／王原賢

翻譯／陳朕疆

編輯／蔣詩綺

發行人／周元白

出版者／人人出版股份有限公司

地址／231028新北市新店區寶橋路235巷6弄6號7樓

電話／(02)2918-3366（代表號）

傳真／(02)2914-0000

網址／www.jjp.com.tw

郵政劃撥帳號／16402311人人出版股份有限公司

製版印刷／長城製版印刷股份有限公司

電話／(02)2918-3366（代表號）

經銷商／聯合發行股份有限公司

電話／(02)2917-8022

香港經銷商／一代匯集

電話／(852)2783-8102

第一版第一刷／2022年7月

定價／新台幣630元

港幣210元

國家圖書館出版品預行編目資料

元素大圖鑑＝Visual book of the elements/
日本Newton Press作；
陳朕疆翻譯. -- 第一版. -- 新北市：
人人出版股份有限公司, 2022.07
面；　公分. --(伽利略科學大圖鑑；9)
ISBN 978-986-461-296-3（平裝）
1.CST：元素　2.CST：元素週期表

348.21　　　　　　　　　　111008134

NEWTON DAIZUKAN SERIES GENSO DAIZUKAN
© 2021 by Newton Press Inc.
Chinese translation rights in complex characters
arranged with Newton Press
through Japan UNI Agency, Inc., Tokyo
www.newtonpress.co.jp